兰田董事长与作者在
即将竣工的层架菇房

福建漳州角美镇永久性蘑菇房

四川大邑县的露地大棚蘑菇基地

大邑县正在修建的标准化菇房

标准化菇房床架

标准化菇房窗户滑槽

标准化菇房床架底部

搭标准化菇房床架的水泥立柱

露地大拱棚（一次性发酵料）

露地人字大棚

露地蘑菇小拱棚

作者查看防空洞里的蘑菇

接种箱

挑选蘑菇原种

查看蘑菇麦粒栽培种

标准化菇房床架蘑菇 2796 出菇

标准化菇房备料

一次性发酵料翻堆

二次发酵油桶灶外源加热

二次发酵加温产汽（4 桶灶）

吊车起运麦草准备用于堆料

人造水塘预湿稻草准备建堆

蘑菇培养料前发酵翻堆

用麦草生产蘑菇的大规模备料场

发酵土消毒杀虫

粉碎覆土泥

覆土泥撒石灰消毒

覆土泥消毒杀虫

草炭土覆土出菇

蘑菇疣孢霉病菇

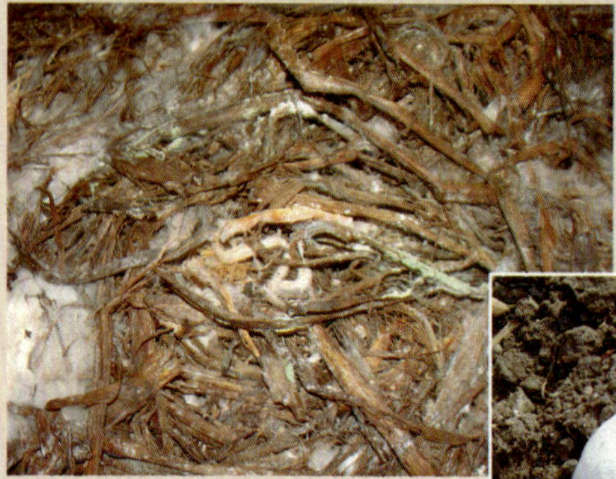

培养料感染青霉

疣孢霉病菇

蘑菇盖上聚集的螨虫(红色辣椒螨)

建设新农村农产品标准化生产丛书

蘑菇标准化生产技术

李　勇　编　著

金盾出版社

内 容 提 要

本书由四川农业大学副教授、成都市大邑兰田食用菌专家组首席专家李勇编著。本书在阐述蘑菇标准化生产所需要的主要知识的基础上，就生产各环节如何按标准化生产蘑菇进行了全面阐述。内容包括：蘑菇标准化生产概述、菌种生产的标准化、栽培场地与设施的标准化、生产培养料堆制的标准化、栽培原料的标准化、铺料播种的标准化、覆土标准化、出菇管理标准化、采收与加工的标准化、蘑菇病虫害防控的标准化以及国内外有关的蘑菇技术标准等。全书语言通俗易懂，技术先进实用，可操作性强，适合蘑菇种植户、技术推广者和蘑菇产区政府领导阅读，也适合农业大中专院校食用菌相关专业师生参考。

图书在版编目(CIP)数据

蘑菇标准化生产技术/李勇编著．—北京：金盾出版社，2007.10

（建设新农村农产品标准化生产丛书）

ISBN 978-7-5082-4675-8

Ⅰ.蘑…　Ⅱ.李…　Ⅲ.蘑菇-蔬菜园艺-标准化　Ⅳ.S646.1

中国版本图书馆 CIP 数据核字(2007)第 150134 号

金盾出版社出版、总发行

北京太平路 5 号(地铁万寿路站往南)

邮政编码：100036　电话：68214039　83219215

传真：68276683　网址：www.jdcbs.cn

彩色印刷：北京印刷一厂

黑白印刷：北京大天乐印刷有限公司

装订：北京大天乐印刷有限公司

各地新华书店经销

开本：787×1092 1/32　印张：7　彩页：8　字数：144 千字

2008 年 6 月第 1 版第 2 次印刷

印数：11001—21000 册　定价：10.00 元

序　言

随着改革开放的不断深入，我国的农业生产和农村经济得到了迅速发展。农产品的不断丰富，不仅保障了人民生活水平持续提高对农产品的需求，也为农产品的出口创汇创造了条件。然而，在我国农业生产的发展进程中，亦未能避开一些发达国家曾经走过的弯路，即在农产品数量持续增长的同时，农产品的质量和安全相对被忽略，使之成为制约农业生产持续发展的突出问题。因此，必须建立农产品标准化体系，并通过示范加以推广。

农产品标准化体系的建立、示范、推广和实施，是农业结构战略性调整的一项基础工作。实施农产品标准化生产，是农产品质量与安全的技术保证，是节约农业资源、减少农业面源污染的有效途径，是品牌农业和农业产业化发展的必然要求，也是农产品国际贸易和农业国际技术合作的基础。因此，也是我国农业可持续发展和农民增产增收的必由之路。

为了配合农产品标准化体系的建立和推广，促进社会主义新农村建设的健康发展，金盾出版社邀请农业生产和农业科技战线上的众多专家、学者，组编出版了《建设新农村农产品标准化生产丛书》。“丛书”技术涵盖面广，涉及粮、棉、油、肉、奶、蛋、果品、蔬菜、食用菌等农产品的标准化生产技术；内容表述深入浅出，语言通俗易懂，以便于广大农民也能阅读和使用；在编排上把农产品标准化生产与社会主义新农村建设巧妙地结合起来，以利农产品标准化生产技术在广大农村和广大农民群众中生根、开花、结果。

我相信该套“丛书”的出版发行，必将对农产品标准化生产技术的推广和社会主义新农村建设的健康发展发挥积极的指导作用。

王连铮

2006 年 9 月 25 日

注：王连铮教授是我国著名农业专家，曾任农业部常务副部长、中国农业科学院院长、中国科学技术协会副主席、中国农学会副会长、中国作物学会理事长等职。

目　录

第一章　蘑菇标准化生产概述

蘑菇，亦称双孢蘑菇[*Agaricus bisporus*(Lange)Sing.]，也有叫(*Agaricus brunnescens*)的，英文称为 Mushroom 或 White mushroom，美国称为变褐鳞蘑菇(*Agaricus brunnescens* Peck)，欧美各国生产经营者常称之为普通栽培蘑菇(Common cultivated mushroom)或纽扣蘑菇(Button mushroom)，日本人称之为マシュルム或西洋松茸，我国称为白蘑菇、地蘑菇、双孢菇、洋蘑菇等，是一种世界性的菌类蔬菜；有时也把四孢蘑菇(高温蘑菇、大肥菇)也称之为蘑菇。因为蘑菇含有高蛋白、低脂肪、丰富的膳食纤维和多种维生素，具有提高机体免疫力、增进人体健康的医疗保健功能，并且肉质细嫩、味道鲜美，所以已成为世界上发达国家和地区人们的必备食品，欧美等国家许多人几乎天天都要吃蘑菇。现在，蘑菇已成为全世界贸易量最大的食用菌品种，每年消费量均在 300 万吨以上，而且年消费量还呈明显的上升趋势，特别是我国蘑菇的内销量，近年来以每年 10%以上的速度迅速递增。

一、蘑菇的标准化生产

(一)蘑菇标准化生产的意义

2007 年 4 月 23 日下午，中共中央政治局进行第四十一次集体学习，安排的学习内容是我国农业标准化和食品不安全问题研究。会议由中共中央总书记胡锦涛主持，胡锦涛在主持学习时发表了讲话。他指出，解决好13亿人口的吃饭问题，促进农业增效、农民增收，必须加快实施农业标准化。他强调，实施农业标准化，保障食品安全，是关系人民群众切身利益、关系我国社会主义现代化建设全局的重大任务。

农业标准化，就是在农产品生产、加工、销售各个环节均建立起科学先进、切实可行的标准（制订和完善农产品质量标准），通过规范操作与严格监督（加强农业检验监测工作），使其得到全面有效的实施，从而确保农产品质量和消费的安全，提高农产品的信誉度和市场竞争力，实现优质、高产、高效的目的。

以往，我国蘑菇栽培与其他农作物生产一样缺乏标准，导致蘑菇及产品的质量参差不齐，情况时常堪忧，时常有涉及到食品安全的问题发生，影响到消费者消费食用菌的积极性，对蘑菇产业的健康发展极为不利。因此，尽快制定蘑菇标准化栽培的各种操作体系，严格按标准化栽培的方案运作，将有利于促进消费、有利于产业的可持续健康发展。

（二）蘑菇标准化生产涉及的十大内容

蘑菇标准化栽培涉及的内容主要表现在以下10个方面：一是栽培模式所涉及的菇房棚架建设标准和种植时间季节标准；二是配方和原辅材料选用标准，对哪些是限制性使用的材料（比如造成蘑菇重金属污染的往往是磷肥和钙镁复合肥）应该明确；三是培养料堆制工艺技术标准，根据采用一次性发酵或是二次性发酵的不同工艺，来决定技术路线和操作方法；四是铺料厚度、料温情况与播种时间标准；五是菌种质量与贮藏运输和使用标准；六是菌丝培养标准；七是覆土材料的选择和操作标准；八是水分及药物使用限制性标准；九是采收规格和运输标准；十是鲜菇分级运销及包装材料标准。

除此以外，涉及加工等后续环节的还有：加工工艺和添加剂标准，产品质量及监测标准，加工产品的场地、作业标准，生产管理标准等。一系列标准的建立健全，才能保证生产产品的质量，确保蘑菇产品具有在国内外市场的强大竞争力。

二、蘑菇标准化生产现状与市场形势

全世界目前有 80 多个国家进行规模化蘑菇生产，主要集中在欧盟及北美等国家，生产几乎全部采用工厂化生产，集约化、标准化、现代化程度高，投资规模大（一般一座蘑菇工厂投资额均在 300 万美元以上），生产的蘑菇品质好、质量安全有保障，达到了无公害绿色食品甚至有机食品标准。但欧盟及北美等国家产品成本高（一般每吨尚未切除泥柄的鲜蘑菇采摘下来的成本就在 1 500 美元以上），造成产品成本高的主要原因是劳动力成本高（如美国许多州的临时工每小时工资最低为 8 美元），虽然蘑菇工厂现代化程度高，但仍然属于劳动密集型行业，劳动力成本占整个产品成本的 30%～50%，高者可达 60%；其次原因是投资规模大、现代化设备多，设备折旧和维修维护费用高。

目前国际市场蘑菇及制品交易量每年在 100 万吨以上，且仍有明显上升趋势。虽然我国已经加入世界贸易组织（WTO），但现阶段还处于 WTO 的有关保护期内，在此期间，欧盟对我国蘑菇出口目前仍然实行配额限制（欧盟全年进口蘑菇产品约 50 万吨，但每年分给我国的配额不到 3 万吨），美国等国家在此期间对我国蘑菇制成品的出口还在进行反倾销，所以，现阶段蘑菇的国际贸易主要在中国以外的世界其他发达国家中进行。

世界蘑菇主要进口国均为西方欧美国家，每年进口10万吨或以上的有德国、俄罗斯、美国等国。年进口量在1万～3万吨的有加拿大、法国、比利时、日本、瑞典、意大利等国；年进口量在1万吨左右及以下的有英国、丹麦、奥地利、挪威、芬兰、葡萄牙等国。由于统计资料的不完整，以上数据只能是一个不完全准确的数据，可能尚有许多国家的进口量未统计在内，或数量偏高，也或偏低。

我国蘑菇鲜菇总产量在2003年就已突破100万吨达到133万吨，根据中国食用菌协会的不完全统计，2006年全国的蘑菇鲜菇总产量已达到160万吨以上，但蘑菇出口量较少，据海关总署统计，2006年全国仅出口蘑菇产品26.37万吨，大量的蘑菇是被中国人自己吃掉了。

从国际贸易量来看，近年来，我国每年直接出口仅占国际出口量的较少份额，一般不到30%。海关总署统计资料表明，2004年我国出口蘑菇罐头26.7万吨、盐水蘑菇1.44万吨，出口值2.27亿美元；2005年我国出口蘑菇罐头27.64万吨、盐水蘑菇1.56万吨，出口值2.35亿美元；2006年我国出口蘑菇罐头25.17万吨、盐水蘑菇1.20万吨，出口值2.75亿美元；3年的每年出口量都不到当年国际蘑菇贸易出口量的30%。近年来，世界许多发达国家已相对弱化了蘑菇（含罐头）的生产，据有关调研资料表明，一些发达国家的蘑菇自给率持续下降，主要依靠进口才能满足消费。如加拿大的温哥华蘑菇自给率为77%，英国为76%，日本为50%，瑞士为42.06%。

我国的蘑菇生产成本较低，国内价格约为国外的1/8～1/5，具有较强的价格竞争力。我国有丰富的蘑菇生产资源和良好的自然条件，只要蘑菇栽培生产过程注意按国际出口标准进行标准化生产控制，为出口贸易创造良好的基础条件，随着 WTO 进程的深入，蘑菇产品出口的国际形势能很快得到根本性好转。所以，在未来的 3～5 年以至于更远的将来，我国的蘑菇出口量将会有迅速的增加。

我国蘑菇主产区目前主要在福建、浙江、河南、四川、湖北、山东、广西、江苏、安徽等省、自治区，河南、山东、安徽等北方省份由于气温低、适温期短、气候干燥，主要采用永久性蘑菇房等室内床架式栽培、半地下式栽培或大棚栽培；沿海地区主要采用永久性蘑菇房室内床栽或大棚层架式二次发酵技术栽培；四川盆地内目前蘑菇主要采用大田露地蘑菇及蔗地、果林地等一次性发酵地床蘑菇种植技术。目前全国采用类似于标准化的永久性蘑菇房栽培蘑菇的地区，主要集中在福建省漳州和河南省夏邑等地，四川省大邑县 2007 年也开始了大规模的发展，其他地区相对较少。

我国现阶段的蘑菇种植技术水平低，栽培设施设备简单，基本上没有采用标准化栽培技术，蘑菇品质差、单产低。虽然我国劳动力便宜，蘑菇生产成本与国外发达国家相比很低，蘑菇鲜菇栽培成本（以不含农民投入的人工费用计）一般在 2 000元/吨以下，具有较强的国际市场价格竞争优势，但在加入 WTO 取消有关保护期以后的明天，面对激烈的国际竞争及“绿色壁垒”，传统的种植方法虽然成本低，但品质较差，不具有国际竞争力甚至根本就不能出口，因此蘑菇的栽培和加工技术必须向新的水平发展，只有注重标准化栽培与生产，落实科学发展观，根本解决产品质量，才能适应国内外对高品质绿色有机蘑菇及其制品的巨大需求，才能真正形成具有国际竞争力的朝阳产业。

三、蘑菇栽培品种与效益

(一)蘑菇栽培的主要品种

蘑菇一般指双孢蘑菇,有时将四孢蘑菇也称为蘑菇。与蘑菇栽培方式相仿的还有巴西蘑菇(姬松茸)、蒙古口蘑等。双孢蘑菇根据菇体色泽分为3个品系,每个品系的大致特点如下。

1. 白色品系 菌盖表面光滑,菇体白色,适宜鲜销和制罐,是世界上栽培最多的蘑菇品种,颇受市场欢迎。目前,我国主要栽培的品种有As2796、S-176、111、浙农1号、上海101-1、闽1号等。

2. 棕色品系 菌盖褐色略具鳞片,菌肉厚实,菌柄粗壮白色,肉质致密细嫩,抗病性强,适宜干制和鲜销,现已成为风靡欧美的蘑菇新品种,国内外栽培很少,属珍稀菇类。我国目前主要品种有雅菇(褐鳞口蘑)、香口蘑、棕秀一号等。

3. 奶色品系 菌盖表面平滑或鳞片状,子实体较大,适合鲜销,不适宜制罐,国内外极少栽培。

双孢蘑菇按菌丝体特征可分为气生型、半气生型和匍匐型(贴生型)三大类。一般来说,气生型品种适宜制罐,栽培难度稍大,条件限制较严;而匍匐型品种适宜鲜销,耐水耐肥,栽培容易;半气生(半贴生)型品种居二者之间。

四孢蘑菇,是双孢蘑菇的近缘种,又叫高温蘑菇或双环蘑菇,菇体白色致密,菌柄粗短,主要在中高温季节出菇,而双孢蘑菇是在中、低温季节出菇,区别于双孢蘑菇的特征是每个担子上可形成4个孢子。我国目前主要栽培品种有大肥菇、新登 96、夏菇 93 等。

(二)栽培蘑菇的效益

1. 经济效益

(1)*一次性发酵露地蘑菇种植效益*　栽培 667 平方米(1 亩)的露地蘑菇(约有 400 余平方米的净种面积),成本约 3 200～4 500 元。即:每 667 平方米投入草料、粪肥和饼肥等原料 0.6 万～0.75 万千克或更高,约合 1 800～2 250 元或更高;投入菌种约 1 000 元;投入搭棚费用约 500～900 元,加上一定的人工费用投入蘑菇种植。从建堆起至采收 6～8 潮菇结束,加上越冬期,一般需近 6 个月时间,每 667 平方米可出产鲜菇 2 000～4 000 千克,按保护价 3 元/千克计,每 667 平方米纯利润可达 2 500～6 000 元或更高。

(2)*简易层架式二次发酵大棚菇房效益*　在房前屋后、荒坡滩地或林地等空地中搭层架式大棚菇房,每座菇房投资 4 000～7 000 元,搭建种植面积 300～500 平方米的能使用 5～7 年的薄膜遮阳网高棚,进行集约化生产,按每平方米投料约 30 千克以上计,成本约 16～20 元,产菇可达 10～15 千克以上。按 3 元/千克保护价计,每平方米纯利润达 15～25 元以上,每座菇房每年可为农民带来 4 000～10 000 元的经济效益。

(3)*标准化蘑菇房效益*　每座菇房投资 2 万～3 万元,用砖砌体专门修建占地 115～125 平方米的、使用面积 450～600 平方米的永久性标准化蘑菇房,进行蘑菇、草菇的周年集约化生产,按每平方米两季投料约 40 千克以上计,成本约 25～30 元,产菇可达 20 千克以上,按 4 元/千克的保护价计,每平方米纯利润达 40 元以上,每座菇房每年可为农民带来 2

万～5 万元的经济效益。

以上效益，均不含农民投入的人工费用；若是业主栽培，效益应扣除人工费用。

2. 生态和环保效益

蘑菇的栽培原料主要为各种农作物秸秆和各种粪肥，栽培 667 平方米露地蘑菇需要 1 公顷多田的稻(麦)草等作物秸秆和 1 500 千克以上的禽畜粪便(干重)；每种植 1 季蘑菇，1 座标准化菇房的蘑菇就需要稻(麦)草等作物秸秆 8～9 吨，还需要 6 吨以上的禽畜粪便(以干牛粪计重)。

通过大量种植蘑菇，就可解决作物秸秆焚烧污染环境的问题，还可以解决农村规模化畜禽业发展中的粪便污染环境的问题，从而促进畜禽业发展。并且，蘑菇栽培后的下脚料还是极佳的农作物的有机肥料，可以显著培肥土壤、增加作物的产量和提高农产品质量。

可以说，发展蘑菇生产是农业循环经济的典范，既可创造显著的经济效益，更能形成良好的生态效益、环保效益与社会效益，体现人与自然的和谐。

第二章 蘑菇菌种生产的标准化

一、蘑菇菌种生产必备的条件

优质的菌种是丰产的前提。什么是优质的菌种？菌种生产应具备哪些条件？菌种应该怎样引种和怎样生产把关才能确保优质？如果不讲究菌种的标准化生产和严格把关，菌种生产过程随时都可能出现意外情况而发生严重问题，特别是盲目地大规模制种的危险性更大，一旦出现问题，菇农将损失惨重，制种的单位及相关责任人也将面临巨大的经济赔偿压力，所以不能盲目进行菌种生产。

（一）蘑菇菌种生产必需的设施设备（硬件）

1. 高压灭菌锅 有手提式的小型高压灭菌锅、直立式中型高压灭菌锅，以及较大型的蒸汽灭菌的灭菌罐。高压蒸汽灭菌虽然投资大，但灭菌时间短，效果好，省燃料。

（1）手提式或直立式的高压锅 主要用于母种斜面试管培养基、无菌水等的灭菌，一般排净空气后上压到 0.15 兆帕时灭菌 0.5 小时。可用煤油、木炭、煤或电炉加热，使用方便经济（图 2-1）。

（2）卧式高压锅 主要用于瓶子母种或原种灭菌，一次可灭 180～200 瓶，一般排净空气后上压到 0.15～0.2 兆帕时灭菌 3 小时。有电、煤加热等方式，其中用电加热的较先进（图 2-2）。

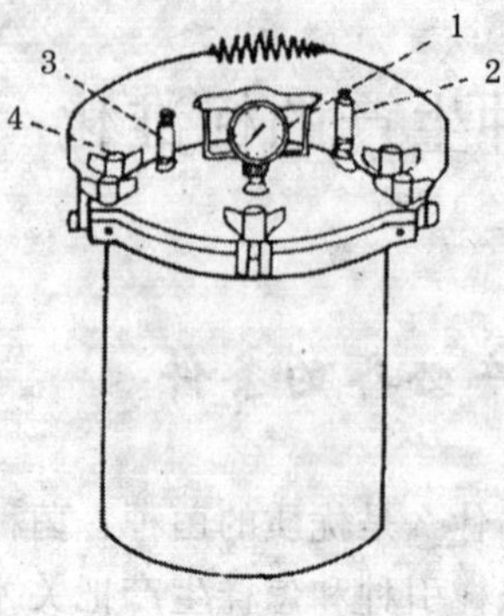

图 2-1　手提式高压蒸汽灭菌锅

1. 压力表　2. 放气阀

3. 安全阀　4. 紧固螺栓

(3) 灭菌罐(含直烧式)　主要用于制作大量的栽培种用,一般排净空气后上压到 0.2～0.25 兆帕时灭菌 2～3 小时。锅体内径 110 厘米×230 厘米或更大,用 1 厘米厚钢板卷筒焊接,锅底加厚 1.5 厘米,底盖冲成半圆形,否则平盖在灭菌时易于湿棉塞,盖口及锅口中间夹石棉垫圈,用多个螺丝拧紧。并安装有压力表、温度计、安全阀、水位计、进出水等设备,烧煤,用鼓风机助燃升温。菌种放入铁筐(篮)内,吊入或堆入锅中,每锅装 800～3 000 瓶。

2. 土法灭菌锅　主要用于制作大量的栽培种用,通常用砖砌成灶,放上铁锅,灶上用砖(也可用木料)砌成桶状,也有圆形或方形的,可从侧面开门,也可从顶盖上开门。门上有放温度计的小孔,铁锅边缘设有进出水管,每甑装 1 200～1 400 瓶,有的多达 5 000 瓶不等。形式简单,制作容易,造价低廉适用。土法灭菌时,要注意以下几个问题:

第一,由于土锅易漏汽,一般只能维持在 100℃～105℃,因此,要适当延长灭菌时间,在 100℃的温度下要保持 16～18 小时。

第二,一定要在锅内温度达到 100℃时,才开始计算时间,维持 16 小时,焖一晚再打开锅门。

第三,加水时最好用 60℃以上的热水,以免导致温度下降。

第四，锅内灭菌物不能放得太挤（特别是塑料袋装菌种），否则易受热不均。

第五，因土锅形式多样，大小不一，装的灭菌物不同，因此灭菌的时间不能强求一致，必须根据不同情况分别对待。一般情况下，因锅内温度不均且常常只有 95℃～98℃，每锅装 1 500～3 000 瓶或更多的，在生火后猛火攻 5 小时内上大气，再维持 12～16 小时，然后焖 3～4 小时才可出锅。现将常压灭菌时微生物死亡的时间列于表 2-1。

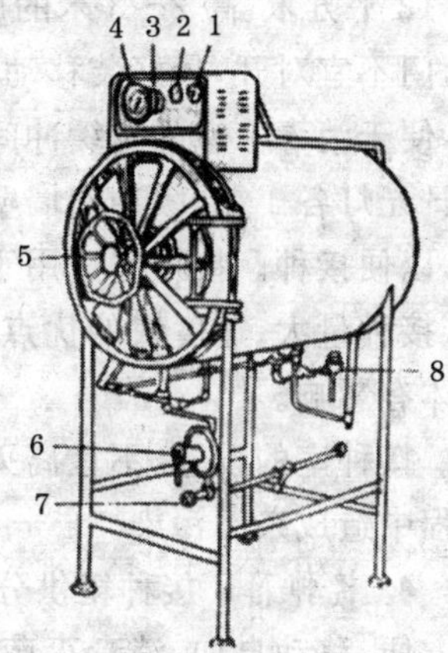

图 2-2 卧式高压灭菌锅

1. 外层压力表 2. 内层压力表 3. 控制阀 4. 温度表 5. 锅盖 6. 冷凝水排放阀 7. 排水阀 8. 进水阀

表 2-1 温度与微生物死亡时间表

温度(℃)	微生物死亡时间	灭菌所需灶体蒸汽喷气时间
100	3 小时 00 分	4 小时 20 分
99	3 小时 30 分	4 小时 50 分
98	4 小时 00 分	5 小时 20 分
97	4 小时 40 分	6 小时 00 分
96	5 小时 30 分	6 小时 50 分
95	6 小时 30 分	7 小时 50 分

注：以上数据不含微生物形成厚垣孢子等休眠体后被杀灭的时间，具体灭菌时间应翻倍或更长

3. 接种室 接种室是一个关闭严密、空气净化，面积为

5～12 平方米、高 2～3 米的房间。接种室的外面设有一缓冲间，门不宜对开，最好装移动门。接种室的地面和墙壁光滑清洁，便于消毒。室内及缓冲间各装紫外线灭菌灯（功率 30 瓦）及日光灯各 1 盏，缓冲间墙壁钉上衣架，接种室中间放一工作台，以便接种。接种室适用于大规模生产菌种，它具有操作方便、接种量大、速度快的优点。但造价较高，消毒时的气体对人体有影响。

接种室的设置，不宜离灭菌室和培养室过远，以免在搬运过程中造成杂菌污染。

4. 接种箱 接种箱供分离、移接种用，要求封闭严实，操作方便，移动自如，消毒灭菌容易。利用接种箱接种，人在外面操作，气温高时不会感到闷热，同时，消毒药品对人体影响小，因此被广泛采用。

接种箱的形式很多，但目前一般采用长 143 厘米、宽 86 厘米、高 159 厘米，一人或两人操作箱。箱的上层侧框架安装玻璃，能灵活开关，便于接种操作和观察。箱腰部两侧备留 2 个直径为 15 厘米的洞口，洞口上装有 40 厘米长的布袖套，双手伸入箱内操作时，布套的松紧带能紧套住手腕处，可以防止外界空气中的杂菌进入。箱的内外均用油漆涂刷，箱内安装紫外线灯及日光灯各 1 盏（图 2-3）。

5. 超净工作台　超净工作台是一种局部层流（平行流）装置。它能在局部造成高洁度的工作环境。室内空气经过滤器送入风机，由风机加压送入正压箱，再经高效过滤器除尘，然后通过均压层，以流层状态均匀垂直向下进入操作区（或以水平层流状态通过操作区），以保证操作区洁净的空气环境。由于洁净气流是均匀速度平行地向着一个方向，空气没有涡流，故任何一点灰尘或附着在灰尘上的杂菌，很难向别处扩散迁移，而只能就地排除掉。因此洁净气流不仅可以造成无尘、无菌环境，而且对人体也无任何影响。

使用超净工作台分离有效可靠，操作使用方便，夏季接种人员感到舒适，但只能防止杂菌污染，还不能防止感染，且造价高。有时过滤器滤网故障将导致杂菌污染。

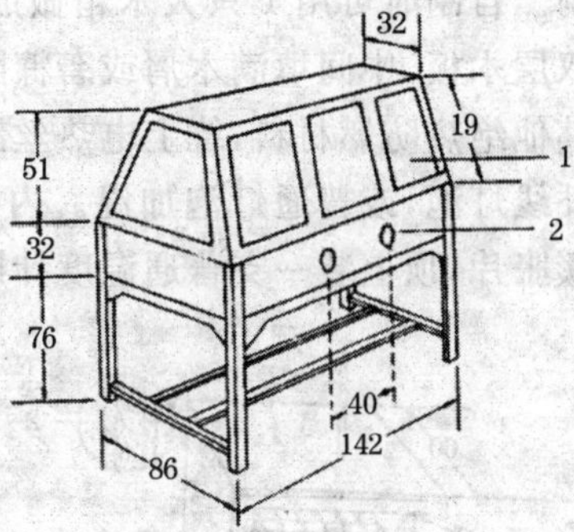

图 2-3　接种箱　（单位：厘米）

1. 玻璃窗　2. 袖套口

6. 培养室　菌种培养室，必须清洁、干燥，光线要暗，切忌潮湿。室内放有菌种培养架（其数量随需要而定）（图 2-4）。

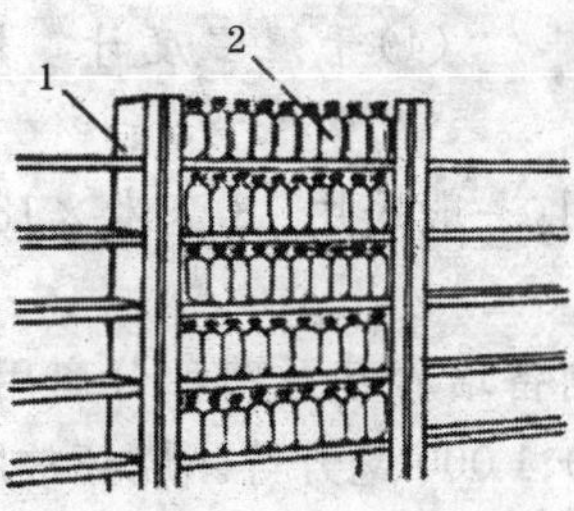

图 2-4　菌种培养架

1. 培养架　2. 菌种瓶

菌种进入培养室之前，室内要进行消毒灭菌。室内温度根据培育品种的要求进行控制。室内加温装置，有用电炉或电热丝加热，用乙醚膨胀片或控温仪控制和调节温度。也有用蒸汽加热，用瓦筒或金属管子做成火道，在室外用木柴或煤炭加温；还有用煤炉灶加温（其煤气用铁皮管导出室外，使有毒的煤气和二氧化硫气排出室外）。

7. 恒温箱　恒温箱供培养母种使用，可购置，也可土法自制。自制时可用1只大木箱做成。箱的四壁及顶、底部均装双层木板，中间填满木屑或砻糠隔热保温，底层装上石棉板或其他绝热防燃材料，绕上电热丝制成加热装置，或箱内装上红外线灯泡，或普通灯泡加温。内壁安装自动调节温度的乙醚膨胀片，顶上装一支普通温度计即可(图2-5)。

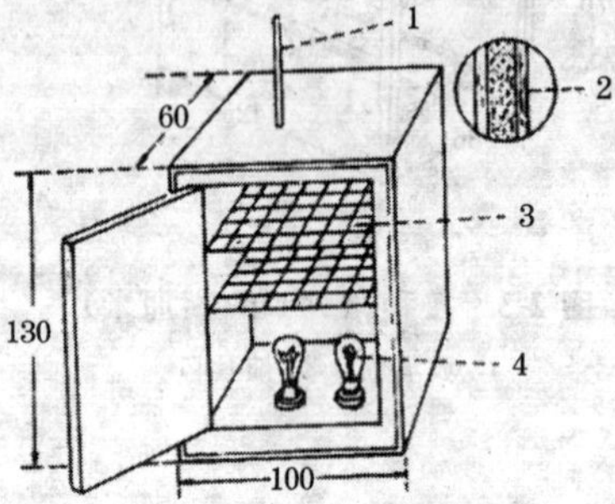

图2-5　自制恒温箱　(单位:厘米)

1. 温度表　2. 锯末填充

3. 网架　4. 灯泡

8. 其他设备器具

(1)冰箱　用于低温试验和保藏菌种。

(2)天平　用于称量各种试验样品和培养基原料。

(3)电热干燥箱　用于烘干测定产品及配料等的含水量，以及各种玻璃器皿的干热消毒和少量菇的干燥。

(4)干湿温度计　用于测定室内温度和湿度。

(5)试管　制备斜面培养基用，一般采用18毫米×180毫米和20毫米×200毫米的试管。

(6)三角烧瓶和玻璃烧杯　制备培养基及菌种分离用。三角烧瓶常用规格有200、300、500、1 000毫升等。烧杯常用200、500、1 000毫升3种规格。

(7)量杯及量筒　配制培养基时，用于计量溶液或蒸馏水，常用的有200、500、1 000毫升。

(8)漏斗或钟罩　采收孢子及培养基装入试管用。采收孢子的漏斗或钟罩直径为240毫米左右，装培养料用的漏斗直径为 10～20 毫米。

(9)培养皿　制备平板培养基或菌种分离用。常用的直径为 10～12 厘米。

9. 接种工具　常用的有接种刀、接种钩、镊子、接种针、接种铲，主要是母种分离、原种接种用。

10. 菌种瓶　大多数采用 650～750 毫升的专用玻璃菌种瓶(也称为大口瓶)，也有采用 500 毫升的医用葡萄糖盐水高温瓶(也称为小口瓶)；近年来还有用聚丙(乙)烯塑料袋(16 厘米×25 厘米或 17 厘米×33 厘米)、塑料套环高 3～5 厘米、直径 4 厘米的新型塑料袋菌种容器来培育菌种，效果也很好。

11. 棉花、纱布　没有脱脂的棉花用于制作试管和菌种瓶的塞子，纱布用来过滤和分离菌种。

12. 酒精灯、吸管　酒精灯，接种操作时，火焰消毒灭菌用；吸管用于吸取和稀释孢子液，常用的有 0.5、1、5、10 毫升 4 种玻璃吸管。

13. 其他用具　孢子吸收器、铁架、铁圈、止水夹、橡皮管、搪瓷杯、铅丝筐、铝锅、小喷雾器、消毒脱脂棉花、解剖刀、镊子、剪刀、玻璃专用蜡笔等，也是制种中必需的用具。

(二)菌种场的布局

菌种场内各个工作间的位置安排，对成品率的高低有重要的直接影响，科学的布局，可以最大限度地减少菌种被污染的机会和充分提高工作效率，即根据各个工作间的性质和操作特点，科学地组合在一起，以达到最高的效率、最低的成本，获得最大的效益。

一个菌种场的主要组成有原料库、配料室、灭菌室、接种室、培养室、洗涤处、实验室和栽培房。总的布局原则是灭菌前的操作应与灭菌后的操作相隔离。再则是按照制种工艺流程，将各个操作环节顺序形成一条流水线，以便提高工作效率。

食用菌种培养过程中必须不断地检查、观测并做些必要的工作，因此实验室的位置应设有栽培房。但栽培房应远离菌种生产车间，以防栽培过程中散发的孢子及可能发生的各种病虫害影响菌种的纯度和质量(图 2-6，2-7)。

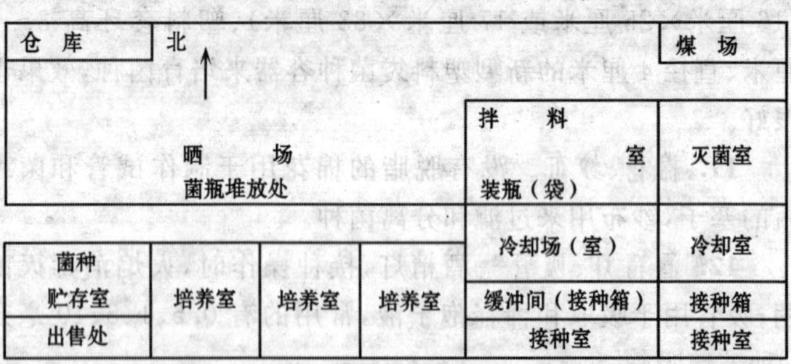

图 2-6 简易菌种场平面布局示意图

(三)蘑菇菌种生产必需的人才与管理条件(软件)

1. 人才 人才是企业的生命，没有人才的企业是不能在社会立足的。蘑菇菌种生产只有实行企业化管理和运转，才能健康发展，必须拥有技术、管理和熟练工人 3 类人才。

(1)技术人才 主要指对蘑菇及食用菌生物学特性、生理特征、应激反应等，以及配方、灭菌、接种、消毒、防虫、杀虫等食用菌专业知识、专业技能掌握得相当娴熟的人员。此类人才一般来自于大专院校的食用菌或微生物专业毕业生，或来自于具有一定知识文化水平、长期从事过蘑菇菌种制种的、实

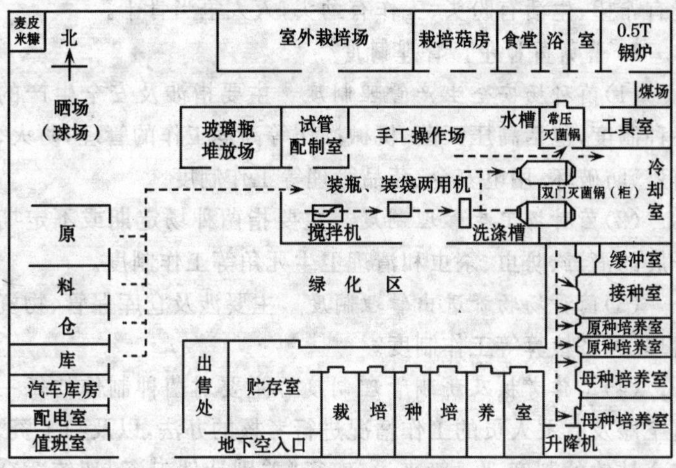

图 2-7 规范化菌种场平面布局示意图

践经验丰富的行家里手。

(2)管理人才　主要指对蘑菇菌种制作工艺流程十分娴熟，善于根据工艺流程进行人员调配、生产安排、质量监督、安全控制、经济核算等程序进行调控的人员。此类人才应具有高度的工作责任心，主要来自于较长期的生产经营管理实践，许多技术人员或熟练工人经过一定时期的锻炼后，可以成长为此类人才。

(3)熟练工人　主要指对蘑菇菌种制作工艺流程的某一个具体环节或许多环节做得非常好，理解比较深入，常常具有合理建议的、有责任心的一线工人。此类人才，菌种企业的技术人员、管理人员和在组织菌种生产的工作中，应注重发现和培养一线工人，使之成为熟练员工。对熟练工人应该设法留住，并进行培养，做到"关心人、培养人、发展人"，使员工们心里有希望、生活有盼头、工作有劲头，人人争当骨干。

2. 蘑菇菌种生产管理制度

(1)菌种场安全生产管理制度　主要指涉及安全生产的各种制度，包括高压灭菌、机械操作等高危工作的管理，防火、防盗、防破坏、用电安全、药品管理等工作制度。

(2)菌种场卫生管理制度　主要指菌种场定期或不定期开展的消毒、防虫、杀虫和清理卫生死角等工作制度。

(3)菌种场物资进出管理制度　主要涉及仓库保管、物资清理、经济核算等工作制度。

(4)工作考核及薪酬管理制度　主要对菌种制作的每一道工序及有关人员的工作情况进行考核的办法，以及与工资、奖金挂钩的制度。一般来说，实行“差别计件工资制”较适合蘑菇菌种的薪酬管理，比如，对于接种工序，除每瓶给予0.05元的基本工资以外，成活率、正品率越高，单位工资越高，正品率达到85%给基本工资，达到90%给予0.055元/瓶，达到95%可给予0.06元/瓶，达到99%可给予0.07元/瓶。

(5)菌种场病虫害管理制度　指对出现或将要出现的某种病虫害而采取相应的操作的管理制度。

(6)高压锅安全操作规程　针对压力容器的正确使用，提出的安全操作规程管理规定，此规定必须上墙，挂在高压锅等压力容器旁边，时刻警示操作人员注意。

(7)合格菌种检验规程　对菌种生产过程进行每天抽查和重点进行3次以上检验的制度，除每天抽查菌种生长势情况外，还着重进行4次普遍检查：第一次在接种后7～10天内进行，检查灭菌是否彻底以及菌种萌发和吃料情况，如有问题立即回炉处理；第二次在接种后15～20天内进行，检查菌种吃料生长势情况和感染病虫害情况，如有问题立即处理；第三次在接种后 30～35 天内进行，检查菌丝生长情况和瓶间温度情况，如有问题立即处理，没有问题，可以着手进行出厂前准备；第四次检查在接种后 40～45 天内、菌种即将出厂时进行，结合菌种出厂打包检查每一瓶菌种，合格的贴上标签打包，对有可疑问题的一律不能打包，另行处理。

(8)菌种生产操作技术规程　对每一道工序的具体操作技术要领提出明确的规定。比如，麦粒栽培种拌料和装瓶，对水分要把握好，装大口瓶（容量 650～750 毫升/瓶，瓶身自重约 0.4 千克/瓶）毛重应该在 0.80～0.85 千克/瓶。

(9)菌种留样及出菇试验操作规程　对每一批菌种出厂，每 1 万瓶均应随意抽出 3～5 瓶菌种用作留样，由有关菌政执法部门贮藏或菌种场自己贮藏，留样的菌种应该配套做部分出菇试验。

二、菌种生产前的出菇试验标准

蘑菇菌种的制作，涉及广大菇农的切身利益，也关系到一个地区的蘑菇产业能否健康持续的发展，所以必须确保菌种制作的质量。一批菌种有无杂菌、有无虫害、有无生活力和其他明显问题是比较容易识别的，但这些菌种种性如何，能否出菇和是否保持了该品种应有的优良特性却是凭外观不能看出来的，往往要等种下去出了问题了，才知道错了，但那时为时已晚了，已造成了生产的巨大损失。因此，为避免这些问题的发生，蘑菇菌种生产前必须进行严格的出菇试验。

(一)出菇试验的时间(菌种生产计划的编排)

大批量制作生产用母种前，必须完成该品种菌种的出菇试验工作,出菇试验本身就几乎相当于蘑菇的栽培季节全过程,至少应观察试验菌种出 4 潮菇,看出菇是否正常,是否具抗逆性和丰产性能,因此,出菇试验应安排在母种制作前半年甚至更长的时间来进行。由此,就涉及到菌种生产计划的编制和菌种生产过程的安排。

1. 菌种制作工艺流程 菌种制作的具体工艺流程见图 2-8。

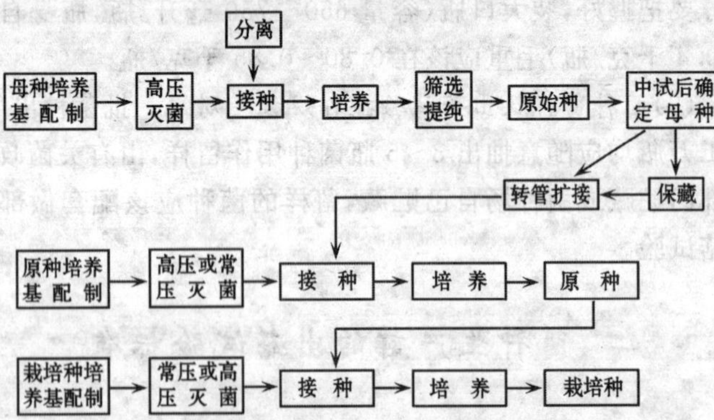

图 2-8 制种工艺流程图

2. 蘑菇菌种生产计划的编制 按各地蘑菇播种时间来推定各级菌种的生产计划时间安排,采用倒推法来编制菌种制作时间计划。现以四川盆地露地蘑菇栽培所需菌种制作时间安排为例:

9 月中下旬播种

↓↑

8 月底、9 月初栽培种满瓶(袋)

↓40 天左右满瓶↑

7 月上中旬开始栽培种接种

↓菌种制作量大时必须提前↑

6月中下旬原种满瓶

↓50天左右满瓶↑

5月上中旬开始原种接种

↓母种25天左右满管,满后7天以上使用↑

4月上旬制作生产用母种

↓原始母种扩接需30天↑

3月上旬原始母种扩接生产用母种

注:原始母种就是经出菇试验验证合格后的保存菌种

3. 出菇试验的时间安排 由于3月上旬是原始母种确定的最后时间,而出菇试验又必须基本经历1个栽培周期。因此,出菇试验如果没有专门的控温或天然冷凉的地方等条件,而采用自然气温的话,则必须安排在头年9月中下旬开始。即每年蘑菇播种季节就应该开始准备翌年播种用的菌种来进行出菇试验。

(二)出菇试验的方法

1. 试验用菌种制作 采用生产上常规菌种的材料,按常规方法配方、制作,只是直接用母种接成原种后就可使用了。原种包装容器可采用比常规菌种容器小的容器,或只按常规菌种容量的一半装瓶(袋),使之尽快缩短菌种生长时间。在9、10月份与大生产同步进行的出菇试验,也可以就按常规方法制作菌种备用。

2. 试验用培养料(堆肥) 按常规配方和方法堆制,9、10月份与大生产同步进行的出菇试验,可直接采用大生产堆制的培养料。

3. 试验设计 一般每品种至少按3个实验小区进行,每小区又按 3 个不同处理进行，每个处理一般面积 1～3 平方米。

在不同的处理中，可按培养料不同、铺料厚度不同、覆土材料不同来进行播种，以便观察菌种萌发情况、菌丝生长势、菌丝吃料爬土情况、扭结情况、出菇情况、转潮情况等进行观察试验并记录。

三、蘑菇菌种培养基制作标准

母种的引种、扩接和保存过程中如果长时间使用同一种培养基，由于菌种菌丝相对细弱，营养也较单一，容易使菌种的某些生理功能逐渐缺失而最终导致品种退化。因此，保存的菌种应定期更换配方来活化并扩接，才能稳定丰产性能，有条件的最好使用超低温保藏或全营养料（如粪草料大容量瓶装）来普通冷藏保存，以防多次扩接导致品种退化。

（一）母种培养基

1. 常用的试管母种培养基

培养基 1　马铃薯-葡萄糖-琼脂培养基（PDA 培养基）：去皮马铃薯 200 克，葡萄糖 20 克，琼脂 20 克，水 1 000 毫升。这种培养基养分较少，菌丝不会徒长，常用于菌种分离、提纯及转管保存菌种，但贴生型（匍匐型）菌株不太适合此培养基。

培养基 2　马铃薯 200 克，葡萄糖 20 克，磷酸二氢钾 2.5 克，硫酸镁 0.5 克，蛋白胨 3 克，维生素 B_1 20 毫克，琼脂 20 克，水 1 000 毫升。

培养基 3　麸皮 200 克，葡萄糖 20 克，磷酸二氢钾 2 克，硫酸镁 0.5 克，琼脂 20 克，水 1 000 毫升。

培养基 4　葡萄糖 10 克，麦芽糖 1 克，蔗糖 3 克，蛋白胨

2克、干牛粪10克、硫酸镁0.5克、磷酸二氢钾1克，琼脂20克，水1 000毫升。

培养基5　马铃薯200克，干牛粪30克，油菜饼20克，葡萄糖20克，琼脂20克，磷酸二氢钾2克，硫酸镁0.5克，水1 000～1 200毫升。此培养基基本适合各类蘑菇菌株生长，是一种蘑菇通用培养基。

以上均为试管装培养基，也可以采用500毫升医用高温瓶，瓶装发酵棉籽壳牛粪加麦粒培养基，具体配方如下：

培养基6　二次发酵棉籽壳牛粪加麦粒培养基。籽粒饱满的小麦粒∶经二次发酵的棉壳牛粪混合物＝3∶1，另加轻质碳酸钙2%～3%，石灰1%。

2. 瓶装的蘑菇母种制作方法　①将棉籽壳、牛粪按1∶1的比例，各自发透水分并混合均匀，使含水量在68%以上（用手能握出几滴水来），堆成堆宽2.5米以上、堆高1.2米以上的大堆，自然发酵3～5天后进入加固的标准化菇房床架，铺料厚30～40厘米，然后通入外源加热产生的蒸汽，使房内中间温度达到65℃以上一般2昼夜后停火，降温到45℃～50℃维持2～3天，使培养料中产生大量放线菌，然后取出发酵料晒干备用；②将3份籽粒饱满的小麦粒下到加入1%～2%的石灰水中浸泡约24小时，捞出沥干明水，再加入1份经事先适当润水的（含水量50%～55%）、经晒干贮藏的、二次发酵过的棉籽壳牛粪混合物，然后再加入少量轻质碳酸钙等材料，一般不需要另外再加水，将以上材料混合均匀堆积1～12小时后，使发酵棉籽壳牛粪混合物较充分吸收麦粒的水分并润湿后，开始装瓶到瓶肩，瓶肩以上再覆盖一层单独配制的含水量在62%左右的发酵棉籽壳牛粪混合物或牛粪做“引料（又叫封口料）”，然后塞棉塞；③上灶，灭菌，冷却，接入经出菇试验验证过的原始母种，在 23℃～25℃的适温培养，菌丝长满后，即成瓶装的蘑菇母种。此方法也可作为大生产中原种、栽培种的麦粒菌种制作所用的办法。

(二)原种和栽培种培养基

1. 蘑菇原种培养基　多采用草质和发酵棉籽壳牛粪菌种，菌种的制作原料需要经过建堆发酵使其充分腐熟，以增加透气性和可溶性养分，同时抑制粪草中的害虫和杂菌，为菌丝迅速生长创造良好条件。通常以干牛粪和稻、麦草粉加棉籽壳为主料进行堆积发酵。

(1)配方一　菜籽饼棉籽壳 40%～48%、草粉 30%～35%、干牛粪 10%～25%、菜籽饼(油枯)3%～8%、石膏 1%、石灰 1%、磷酸二氢钾 0.1%、尿素 0.1%～0.3%，含水量 62%～68%。碳氮比 30～33∶1，发酵历时 12～18 天，其间翻堆 2～3 次。

堆制好的料可直接使用，也可经晒干后贮藏用于制作草质蘑菇种。其配方为：堆制干料 93%～95%、麸皮 3%～5%，糖 1%，碳酸钙 1%，加石灰水调节 pH 值 8 左右，终点含水量 60%左右为宜，配料均匀后立即装瓶，下松上紧，瓶壁、瓶口清洗干净后，封口，立即高压灭菌，灭菌时间比普通木屑和棉籽壳培养基延长 20～30 分钟。注意：具体操作时，也可不加麸皮和糖，因为加了麸皮和糖的话，如果接种操作不严密，将有可能从口部感染杂菌，但加入了麸皮和糖的培养基营养更丰富，以后菌种的生活力会更强。

(2)配方二(蘑菇菌种 650～750 毫升大口瓶常用麦粒配方)　发酵棉籽壳牛粪 0.05～0.1 千克，麦粒 0.2～0.25 千克，轻质碳酸钙及石灰微量。具体方法与二次发酵棉籽壳牛粪加麦粒培养基制作方法相同，麦粒∶发酵棉壳牛粪混合物为4～5∶1。

2. 栽培种培养基 可直接用现发酵好的料调节pH值和水分后直接装瓶(袋)，灭菌待用，也可采用谷粒菌种培养基。

3. 谷粒菌种培养基 一般用于生产栽培种，主要是麦粒种，还有稻谷、高粱、小米等颗粒种。下面以麦粒种制作过程加以说明。

(1)*浸泡免煮法* 此法技术关键在于根据制种的气温条件、或制种的辅料性质和小麦粒的新鲜度来控制浸泡时间(夏天25℃以上一般6～8小时，20℃以下一般12～14小时；采用二次发酵棉籽壳牛粪混合物加麦粒的培养基，小麦的浸泡时间一般在20～24小时)，一般标准是麦粒中间无白心(含水量48%～52%，即每千克干麦粒吸水后重1 350～1 400克)，浸泡后捞出，摊晾在铺地膜的光滑地上，当麦粒无明水时，即可与3%～5%的石膏或15%左右的牛粪拌匀，立即装瓶(袋)，并在瓶(袋)内表面装一层2～3厘米含口料(用上述原种培养基料)，待灭菌。

(2)*浸泡改良法* 此法是在麦粒浸水时，直接加入一些抑制杂菌繁殖或对麦粒表面能起消毒作用的物质，如1%的石灰，0.2%的高锰酸钾，2.5%的漂白粉，0.2%～0.3%多菌灵等，其目的是降低麦粒种被污染的机会，同时能相对缩短浸水时间，提高浸水效率，浸水后的处理同上述方法。

制作谷粒种时应注意以下几点：

①不能破粒 除发酵棉籽壳牛粪混合物加麦粒的培养基以外，主要掌握浸泡时间不能太长(23℃以上一般不超过8小时)，灭菌时间不要太长(最好采用高压灭菌)。

②含水量 以48%～52%为宜，宁干勿湿。

③装瓶时　瓶口加些堆制过的粪草作添加物和在瓶底加1厘米左右的砻糠，可提高谷粒种的耐高温性能和吸收冷凝水。

④颗粒较大的谷粒　灭菌时间较之其他常规培养料相应延长。

⑤灭菌出锅后　要立即保温，防止强烈温差造成较大量的冷凝水聚积，引起污染。

4.100 万瓶蘑菇菌种生产流程及用工控制预算　以下是四川兰田工业食品有限公司 2007 年蘑菇菌种生产计划预算实例。

(1)生产量

①原种　制作 3 万瓶(80%计)，成品 2.4 万瓶。

②栽培种　制作 100 万瓶(90%计)，成品 90 万瓶以上。

(2)制种时间安排　5 月 15～20 日生产原种(45 天后原种长满，准备制作栽培种)，7 月 1 日至 8 月 20 日生产栽培种(制种时间 50 天，每天生产 2.5 万瓶左右，45 天后栽培种长满瓶，可用于生产播种)，8 月 20 日至 10 月 15 日开始蘑菇标准化菇房及露地蘑菇栽培的陆续播种，最迟播种期 10 月 15 日。

(3)原材料　以装瓶后每瓶带瓶重量 0.75～0.8 千克为准。

①菌种瓶及棉塞(容量 650 毫升以上，瓶身自重 390 克以上)　103 万套。

②小麦　100 万瓶×0.25 千克/瓶＝22.5 万千克(约 225 吨)。

③棉籽壳　100 万瓶×0.04 千克/瓶＝4 万千克(约 40 吨)。

④干牛粪　100 万瓶×0.04 千克/瓶＝4 万千克(约 40 吨)。

⑤轻质碳酸钙　2 千克/50 千克小麦,共计约 9 吨。

⑥石灰　1 千克/50 千克小麦,共计约 4.5 吨。

⑦麦麸　500 千克(用于原种配方)。

⑧药品　气雾消毒剂、来苏儿、敌敌畏、高锰酸钾、酒精、创可贴、红药水等适量,约 0.02 元/瓶。

⑨器具　接种箱、接种工具、拌料工具、运输工具等适量。

⑩ 煤炭　约 0.03 元/瓶。

(4)人工　每天以 2.5 万瓶的进度生产。

①浸泡小麦、拌料组　5 个男工,1.2 分/瓶(约 60 元/天)。

②装瓶组　30 个女工,800 瓶/人 8 小时,4 分/瓶(约 32 元/天)。

③杀菌组　6 个男工一班(2 班共计 12 人),0.23～0.25 兆帕,维持 2 小时,做好杀菌记录,2 分/瓶(约 83 元/天)。

④搬运组　4 个男工,从杀菌点运往冷却点,从接种点运往培养室摆放。(注意消毒杀虫,防止二次污染;将各接种组的瓶子单独摆放,做好标识和记录)。0.6 分/瓶(约 38 元/天)。

⑤接种组　32 个女工,24 个接种箱,800 瓶/人 10 小时,基本工资 5 分/瓶(采用差别计件工资制,即 85%成活率工资 5 分/瓶,若 90%成活率则为 5.5 分/瓶,95%以上成活率则为 6 分/瓶)。

⑥统计、初验人员(兼仓库保管员)　1～2 人,负责每天统计和初步外在质量检测。月薪制,1 000～1 500 元/月。

⑦计时工　主要做一些辅助工作,3～5 人即可。每人

600～800 元/月。

(5)品质控制　3～5 人，月薪制，1 200～1 800 元/月。①病虫害防控。②培养温度、湿度调控。③菌种定时翻瓶检验，不合格菌种立即处理。

(6)合格菌种出厂　①贴标签、打包。②点数，发货。③出厂验货。

(7)管理费用　含管理人员的工资、通讯、交通、招待等有关费用，每瓶约 0.15 元。

(8)组织安排　①拌料组、装瓶组、杀菌组、接种组各设 1 位组长，采用计件工资＋100 元/月补贴计算工资。②所需职工数，80～90 人。

四、适温培养菌种

蘑菇菌丝的生长发育对温度十分敏感。菌丝生长温度为 5℃～32℃，最适温度是 23℃～25℃。在最适温度下，菌丝的日生长速度可达 8～12 毫米或更多；而在 18℃时，每天慢 1.6～4.5 毫米，在 12℃以下时日生长速度仅 0.05～0.5 毫米，所以 23℃～25℃时的生长速度是 12℃以下的 20～100 倍。当温度超过 25℃时，菌丝的生长速度开始减慢，超过 29℃时明显减慢，达到 32℃菌丝停止生长，达到并长时间 33℃以上，菌丝将面临死亡。

鉴于蘑菇菌丝生长对温度的要求和特点，要想获得健壮的、生活力强的优质菌种，一定要在适宜的温度下培养菌种。因为菌种生长的过程中会产生生物热，在堆积的情况下容易造成瓶(袋)间温度超过室温，而瓶(袋)内温度又略高于瓶(袋)间的温度，因此，理想的菌种培菌温度应掌握在 22℃～

25℃。如果菌种培养室温度超过 29℃，特别是达到 30℃时，就必须设法降温。菌种室如果长时间温度处于 30℃以上，将容易导致菌丝衰退而感染杂菌；如果菌种室温度长期在 20℃以下，菌丝又迟迟不能满瓶，将会造成菌龄过长，瓶肩部易失水萎缩而感染或生活力下降。

全国许多地区的蘑菇菌种栽培种制作季节，一般都在6～8 月份，由于 7 月底至 8 月中旬往往是一年中气温最高的季节，因此，大批量制作都应提前至 5 月底至 7 月初进行，这样可避开过高温度对菌种萌发的烧伤。但，制种时间越早，菌种基质应越偏干一些，以防菌种产生大量的气生菌丝、形成大量的菌皮而影响菌种的生活力减弱。有条件的地区或单位，应尽量选用防空洞、地下室或冷库，在 7 月中旬至 8 月上旬或适合当地气候条件的时候来适温培养菌种，这样所获得的菌种菌龄适当、生活力强。

五、蘑菇合格菌种质量标准

引进或选育的蘑菇菌种，通过了严格的出菇试验证实了的菌株，再经过各级菌种的制作程序所生产出来的菌种，只要符合合格标准和国家食用菌菌种管理办法的规定，就可以运用于生产实践了。各级蘑菇合格菌种质量标准主要特征如下。

（一）母种质量标准主要特征

一般选用 20～25 毫米×200～250 毫米的、用玻璃试管做容器的斜面培养基，或用 500～750 毫升玻璃瓶做容器的母种培养瓶，菌丝生长势浓密、粗壮、呈羽毛状或叶脉状，菌丝洁白或米白、表面均匀平整无角变，培养基不干缩、无杂色斑，有特有的蘑菇菌种香味，常温保存斜面菌种菌龄在 30 天以内、瓶装母种菌龄在 45 天以内，试管或瓶口内壁的爬壁菌丝无断裂和缺刻现象，棉塞干燥无霉变。

(二)原种质量标准主要特征

一般选用 650～750 毫升玻璃瓶做容器，瓶口距培养基表面 3.5～4.5 厘米，菌丝生长势浓密、健壮、呈羽毛状或叶脉状，菌丝洁白或米白、表面均匀平整无角变、上下浓白一致，培养基不干缩、无杂色斑、无高温抑制线、不吐黄水，有特有的蘑菇菌种香味，常温保存菌龄在 50 天以内，瓶口的气生菌丝旺盛、爬壁菌丝无断裂、虫蛀和缺刻现象，瓶重 0.75～0.85 千克/瓶，棉塞干燥无霉变。

(三)栽培种质量标准主要特征

一般选用 650～750 毫升玻璃瓶做容器，以麦粒和棉籽壳牛粪发酵料为培养基，瓶口距培养基表面 4～5 厘米，菌丝生长势浓密、健壮、呈羽毛状或叶脉状，菌丝洁白或米白、表面均匀平整无角变、上下浓白一致，培养基不干缩、无瓶壁分离现象、无杂色斑、无高温抑制线、无吐黄水现象，有特有的蘑菇菌种香味，常温保存菌龄在 55 天以内，瓶口气生菌丝旺盛且爬壁菌丝无断裂、缺刻和虫蛀现象，以麦粒为主要培养基的栽培种小麦净重不低于 0.2 千克/瓶，瓶重 0.75～0.9 千克/瓶(具体瓶重以不同容量计)，棉塞干燥无霉变。

六、蘑菇菌种的运输、保存与使用技术

(一)菌种的打包、运输与分发

在大生产播种前,菌种场要把培养好的菌种运送到用户手中,将进行打包、运输与分发,由此,容易产生二次污染,尤其是害虫侵染。因此,在打包前1～2天应对菌种普遍喷500～800倍敌敌畏液以杀虫、防虫;包装的塑料袋或箱筐应喷洒300～500倍敌敌畏液杀虫;运输工具及铺垫物应清扫干净并喷300～500倍敌敌畏杀虫;分发给农民时应对农户的器具进行消毒杀虫处理。菌种运输应尽量选在阴天或晴天的傍晚至清晨运输,这样可防止太阳照射产生30℃以上高温而灼伤菌种。

(二)菇农保存菌种的方法

农户分到蘑菇菌种后,应存放在远离禽畜笼舍和粮食、饲料的冷凉和较干燥的地方,应将环境打扫干净并喷洒300～500倍敌敌畏液杀虫,然后将菌种取出摆放,并对准菌种瓶口、瓶身喷洒300～500倍敌敌畏液以防虫。

(三)菇农正确使用菌种的方法

在播种前2天,取纯度为50%或80%的敌敌畏,用凉开水稀释成50倍敌敌畏液,将蘑菇菌种瓶口棉塞拔出,醮一下50倍敌敌畏稀释液,再回塞进瓶口,或拔开封口材料喷洒50倍敌敌畏稀释液再密封,这样可熏杀菌种可能存有的害虫。

播种时,先将菌种、器具和盛装容器用2%～3%来苏儿

液或500～1 000倍高锰酸钾液浸泡消毒杀虫，再将菌种掏出备用。注意：将口部菌种掏出单独收集（一般不用）；如果瓶中菌种有青色、绿色、黄色、红色等杂色，表明菌种已感染，此瓶菌种不能再用，并严禁掏入其他菌种中。

第三章 蘑菇栽培场地与设施的标准化

一、场地选择标准

(一)露地一次性发酵栽培场地选择

南方省区如四川、广西、云南、贵州等地冬季气温在零上的地方有采用露地一次性发酵栽培蘑菇的作法，一般就地取土，场地的选择主要是要求覆土泥黏性重一点、保水性能好一些、栽培季节又能排水的田地，比如稻田土一般都能种蘑菇，但要求排水性能良好的稻田；覆土泥符合要求的旱地或遮荫地、果树林、竹林、甘蔗林等地均可利用。对于石谷地、高坡旱地等一般不能选用。

(二)标准化菇房(二次发酵层架式高棚)场地选择

菇棚(房)结构是否合理，直接影响到菇床温、湿、通风状况，影响了蘑菇的质量和产量。蘑菇是稳温结实好氧性菌类，新建菇棚(房)或旧房改建菇房不仅要求能通风换气，又要能保温、保湿，不易受外界气候变化影响。各地可根据当地种植蘑菇季节气候变化特点进行菇棚(房)建设。在四川盆地、南方省份蘑菇过冬不是主要矛盾，春秋季防风、防旱、防气温突然回升较重要，所以菇房建设应以防风、遮光、适当通风为重点。

1. 菇棚(房)方位 菇房的方位宜坐北朝南，以便利用冬季太阳辐射热来提高室温，防止干冷的西北风直吹厢面。建造菇棚（房）应选择地势干燥，排水方便，周围环境清洁，开阔，远离禽棚或饲料间以免螨类传播。要近水源，与水池有一定的高度差（势头）或利用自来水水压，便于喷水管理。

2. 菇棚（房）需有原料存放场地 建造菇棚（房）还应选择靠近公路，便于草料、粪肥等物资进出；因为种植蘑菇一般均用头年的稻草和当年的麦秸作原料，还要提前准备大量的干牛粪等原辅材料，所以，都需要一个与之配套的能摆放下所有原辅材料的并且具有安全防火措施的原料存放场地。

3. 菇棚（房）还需有堆肥制作场地 建造菇棚（房）除了必须有原料存放场地外，还应该设置堆肥制作场地，要求场地能充分进行预湿、建堆、翻堆等操作。

鉴于以上要求，一般每 667 平方米可以建造 2～3 座标准化菇房。

二、栽培设施、设备建设标准

（一）露地一次性发酵栽培菌床棚架建造

1. 黑色薄膜大棚模式 将田土大致整平，根据搭大棚所用的材料情况来确定棚子大小，棚过宽、过长都易造成棚的中部通风透气不良而影响出菇，因此棚的大小占地面积以120～150 平方米为宜，一般棚宽 5～6 米，棚高 2～2.2 米，棚长 20～25 米。

大棚骨架采用筋竹（一种细长的竹子，四川等地称作白荚子竹）或其他材料搭建，将 2 根筋竹的竹梢用撕膜带捆住，竹头插入田土中，形成跨度 5～6 米、高 1.8～2.2 米的弧形拱，两个弧形拱之间间隔 0.5～0.6 米，再用细竹或竹片将若干弧形拱连成一片，就形成了大棚的骨架雏形。在大棚骨架上用 0.4～0.5 毫米厚的幅宽 8 米以上的黑色薄膜整体将大棚盖上，再用细绳将黑色薄膜捆在棚架上，棚口用黑膜或遮阳网覆盖。这样就形成了黑色薄膜大棚(图 3-1)。

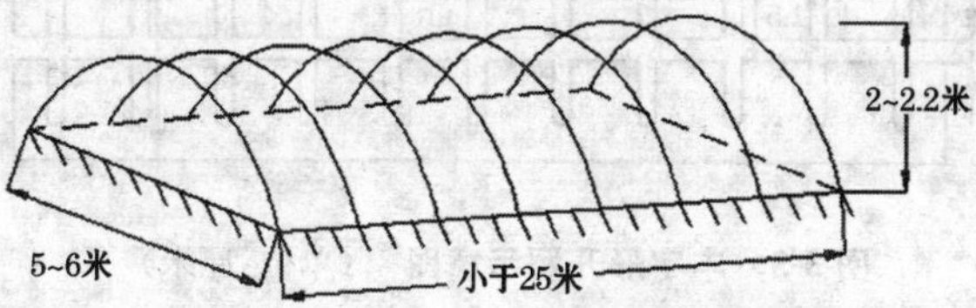

图 3-1　黑色薄膜大棚骨架构造图

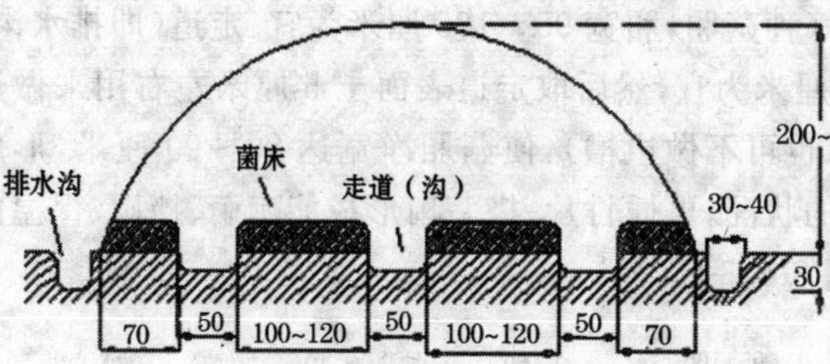

图 3-2　黑色薄膜大棚正剖面　（单位：厘米）

大棚内开厢，采用高厢低沟法，即厢面高于走道和沟(棚内的走道就是沟)。开厢方式有两种，一种为“川”字形(即顺棚子走向平行开厢)，一种为“丰”字形(即在棚中央开一条共用走道，然后在两翼再分别开厢，厢厢间隔 50 厘米左右)。“川”字形开厢，边厢宽 70 厘米以内，中间厢面宽 90～120 厘米，走道宽 50 厘米左右(图 3-2)；“丰”字形开厢，中间走道 50～60 厘米，两冀厢宽 120～150 厘米(图 3-3)。一般，“丰”

字形开厢，每棚比“川”字形开厢栽培面积增加 3 平方米以上，都采用“高厢低沟”的方式，即厢面高出走道 20 厘米以上。

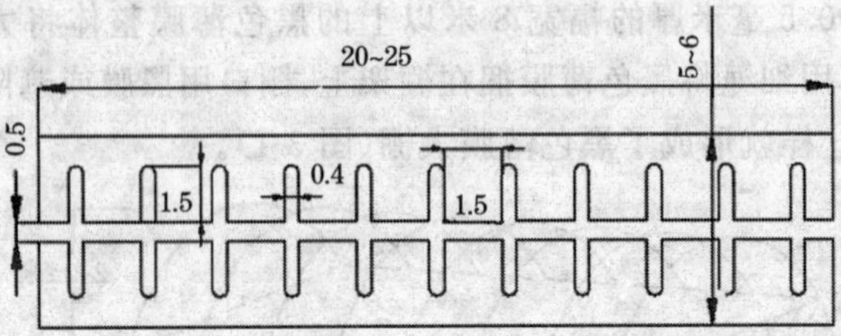

图 3-3　丰字形开厢示意图　（单位：厘米）

2. 茅扇黑膜小拱棚模式　将整细整好的菇地，用石灰或柴灰划好种菇厢，厢宽 95～105 厘米为宜；走道（即排水沟）宽 50～70 厘米为宜，然后取走道表面土 5 厘米左右用来做菇厢的边槽（也可不做边槽），使菇厢净宽达 80～90 厘米，形成高厢低沟的状况，再插竹片、搭茅扇形成能遮荫、挡雨、保温的小拱棚（图 3-4，3-5，3-6）。

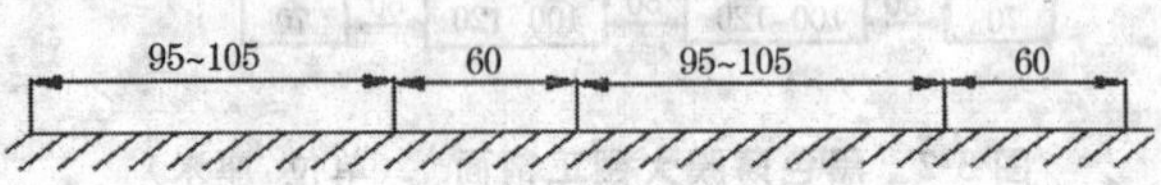

图 3-4　菇厢划线　（单位：厘米）

3. 茅扇人字大棚模式　在平整的田土上搭起“人”字形大棚，形成跨度 4 米，中间高 1.8 米，中间走道 0.5 米，“丰”字形开厢，开厢后应杀虫，两边落地，大棚的塑料薄膜应是黑色 0.4～0.5 毫米厚，幅宽 6 米，在黑塑料膜上可加盖遮阳网或草帘遮光隔热。

4. 北方保温菇棚架式栽培模式　床架通常用竹、木、钢

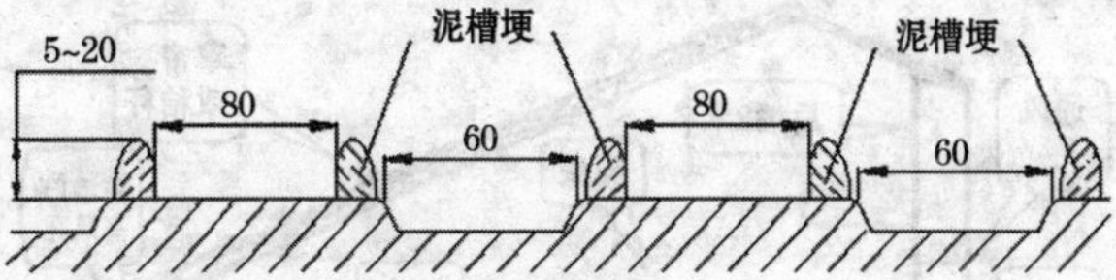

图 3-5 开沟取土筑菇厢边槽埂 （单位:厘米）

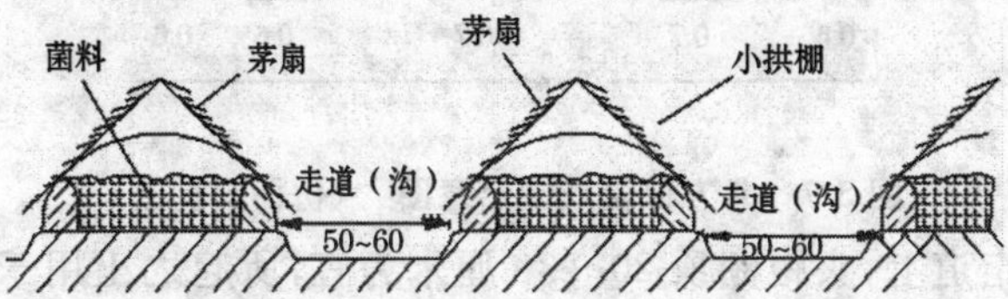

图 3-6 铺料后插竹片形成“高厢低沟”小拱棚 （单位:厘米）

材、水泥构件等搭建，2～3 层不等，床宽 1～1.5 米，层间距离 60 厘米左右，发酵好的堆肥分层铺放进行栽培。菇床上一般铺料 20 厘米左右，可以进行二次发酵。这种多层立体栽培模式提高了大棚整体效益，我国北方常见的简易菇棚施工数据如下。

(1)棚地面积 宽 8 米×长 40 米＝320 平方米。

(2)墙体用土 在棚内下挖 50 厘米，起土 160 平方米打墙体。

(3)菇床面积 菇棚内可设 4 个地床，总面积为宽 4.8 米×37 米 ＝177 平方米，约占菇棚面积的 55%。如果按图 3-7 所示搭设架床，约可增加 1 倍的种菇面积。此外，架床透气好，单位产菇量比地床要高。

(4)走道 宽 0.6～0.7 米。走道要适当下挖，深度以人

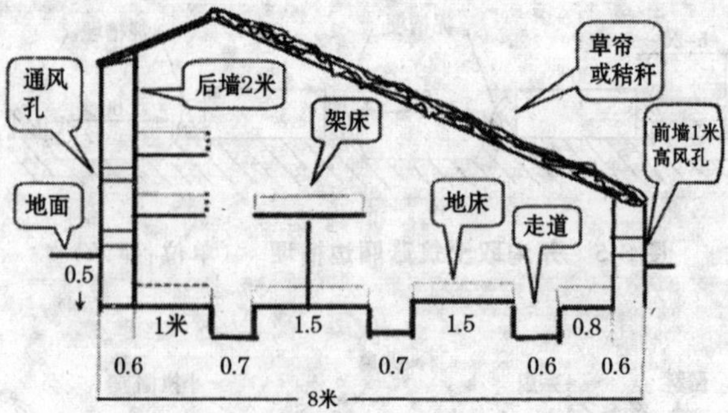

图 3-7 北方保温菇棚示意图 （仿杨国良图）

站在走道上，头距棚顶 20～30 厘米为宜，所起之土用于垫高菇床，便于将来采菇。

（5）门　在侧面墙的较高处（北端）留门，最好搭建缓冲小房。

（6）通风孔　在南、北墙留通风孔，直径 30 厘米，间隔一般为 2 米。

（7）棚顶　盖塑料膜并覆盖厚草帘（覆盖秸秆亦可）并设拉绳，便于冬天卷起采光增温。北墙棚顶最好有后坡，便于卷放草帘。棚顶要牢固，确保下雨、雪时不漏水，不塌陷。棚顶向阳的斜面坡度要大，便于排雨水，也便于棚内的冷凝水顺膜流下。否则水滴易落在菇体上形成褐斑而降低商品价值。

（二）标准化菇房建设方案（高棚层架二次发酵菌床棚架建造）

1. 备料　一般选用斑竹（楠竹）、或砖混结构、塑料薄膜、遮阳网、渔线等。

2. 斑竹搭建简易层架式高棚　棚长 14.56 米，宽 7.9

米，边高 3.5 米，中高 4.5 米，层数 4～5 层。菇房外观结构如图 3-8 所示，菇房使用面积 7.9 米×14.56 米＝115 平方米。一般床架宽 0.95～1.1 米，床架长 7～8 米，层架间距约 50 厘米，床架间距约 65 厘米，底层距地面 25～30 厘米，顶层距棚顶不低于 90～98 厘米。每座菇房栽培面积 1.1 米(宽)×7(长)米×8(床/座·层)×5 层＝308 平方米(图 3-8,3-9)。

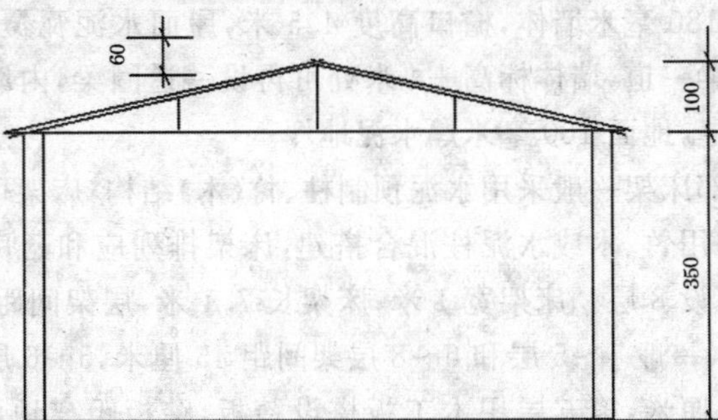

图 3-8　简易高棚立面图　(单位:厘米)

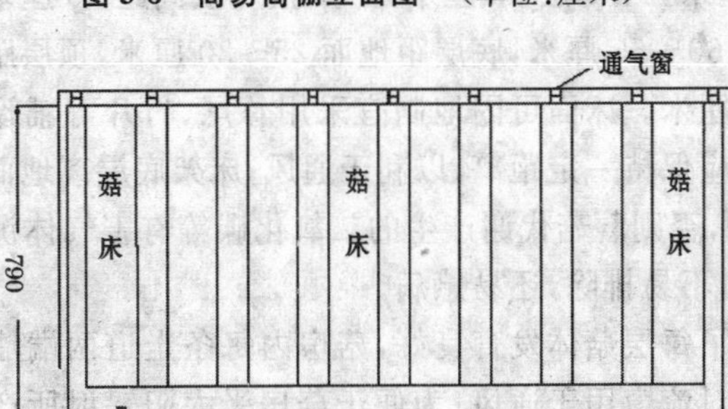

图 3-9　简易高棚平面图　(单位:厘米)

3. 标准化菇房　实际占地面积 8.36 米×13.91 米＝

116.29 平方米，墙内净空长 13.55 米(一般菇床设置 8 列就长 13.55 米，也可根据实际设置 6～9 列，菇房长度就在此基础上增加或减少 1.65～1.7 米/列的倍数)。菇房进深 8 米，边高 4.5 米，中高 5.5 米，内搭 8 层，菇房外观结构如图 3-10 所示。每座菇房栽培面积 1 米(床宽)×7.1 米(床长)×8(床/座．层)×8 层＝454.4 平方米。墙体材料采用砖砌体，墙体为 180 毫米墙体，檐口高度 4.5 米，屋面水泥瓦覆盖，增设地圈梁一道，墙体标高＋4 米处可再设一道圈梁，内墙抹灰外墙勾缝，地面 100 毫米厚水泥地坪。

内部床架一般采用水泥预制柱、竹(木)结构，床架可因地制宜，采用竹、木或水泥柱混合搭建，床架排列应和菇房的方位垂直，设 8 层。床架宽 1 米，床架长 7.1 米，层架间距 45～50 厘米(一般 1～5 层和 6～8 层架间距 45 厘米，5～6 层层架间距 50 厘米，第五层用木工板搭设踏板，踏板距离地面 2.1 米；也可以在第四层搭踏板，其距地面 1.8 米，1～4 层每层间距 50 厘米，4～5 层 55 厘米，5～8 层每层间距 45 厘米)，床架架间距 60～65 厘米，底层距地面 25～30 厘米，顶层距棚(屋)顶 100 厘米。床面可因地制宜采用竹尾、竹片等辅设。顶层与棚顶应保持一定距离，以利于通风；床架底层离地面不少于 25 厘米，否则蘑菇代谢产生的二氧化碳等有害气体沉积于底层菇床，不易排除，还易感病。

为了每层菇体发育良好，菇房内每条走道两端墙上各开设 5 对对流窗用于通风；为便于菇房受太阳辐射所产生的热气散发，在散水墙顶处设置 1 条散热带并在山墙上设置 2～3 对散热窗用于散热。

一般第一对对流窗(也称为地窗)下沿要设在地平面下(便于菇房的积水和二氧化碳排出)，第五对对流窗上沿要设在距散热带下约 48 厘米处，地窗窗户一般宽 24 厘米、高 30 厘米，其余 4 对对流窗（也称为中窗）均匀分布在对着走道的墙体的中线上；一般中窗的窗户宽 24 厘米、高 40 厘米；菇房外墙上 2 对对流窗在窗户外要设置滑槽，安装玻璃，便于人站在地面上用竹竿就能推动开启或关闭窗户。

散热带的设置，是为了使二次发酵能够顺利封闭进行和栽培过程太阳辐射产生的热气能顺利排出。具体做法是在屋檐下 20～30 厘米处在“18 墙体”上设置 24 厘米的“飘砖”，用于以后铺设塑料薄膜二次发酵固定支撑所用和散热用。

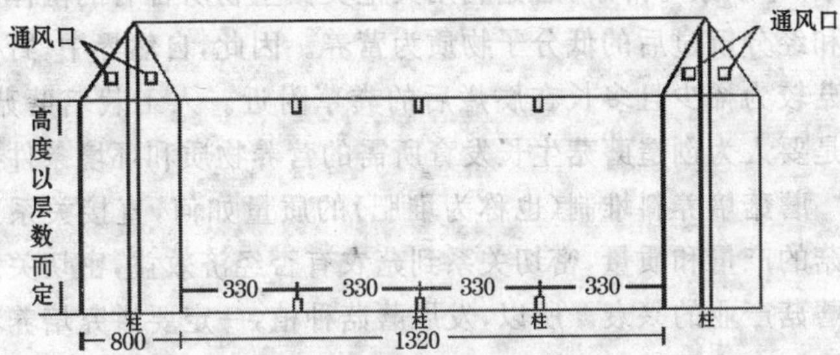

图 3-10　标准化菇房示意图　（单位:厘米）（仿杨国良图）

第四章 蘑菇生产培养料堆制的标准化

一、栽培原料的标准化

蘑菇是一种粪草腐生菌，它不像平菇、香菇等那样能直接分解养料，而需依靠其他微生物将粪草中的高分子物质如纤维素、木质素等降解，蘑菇利用其他类微生物所含有的菌体蛋白和经分解过后的低分子物质为营养。因此，自然界中，野生蘑菇较为稀少且多长在腐烂后的粪草附近。人工栽培蘑菇，就是要人为创造蘑菇生长发育所需的营养物质和环境条件。

蘑菇培养料堆制（也称为堆肥）的质量如何，直接关系到蘑菇的产量和质量，密切关系到菇农有否经济效益，密切关系到蘑菇产业的兴衰。所以，发展蘑菇种植，一定要讲究培养料的堆制方法及质量，其中，栽培原料的选择是基础。

（一）栽培原料主料

蘑菇堆肥利用的主料是农业生产中的副产物，如稻秸、麦秸、玉米秸、高粱秸、甘薯藤、花生藤等秸秆都可以用来种蘑菇，人、马、牛、猪、羊、鸡、鸭、鹅、兔等粪便，都是蘑菇堆肥可选用的粪肥。此外，畜棚禽舍内的垫草（厩肥），沼气渣，以及种过草菇、平菇等其他类食用菌特别是木腐类食用菌的下脚料也可以作为堆料时的主料，主料约占堆肥总量的90％～95％。

不论采用哪一种原料作为基本材料，都必须充分考虑其保水性和通气性是否合适，仅以营养合适为指标是不行的。例如，玉米秸的含糖量虽然高于麦秸，但是全部用其为主料的堆肥黏重，透气性差，不利于发菌，产菇率亦低。

1. 草料 “草精劲大，肥足菇壮”，堆肥中的草料是蘑菇生长所需碳素的主要来源，草料中还含有氮、磷、钾等营养元素，以麦秸为例，每 667 平方米小麦约产麦秸 400 千克，含纯氮 1.92 千克（相当于碳铵 12 千克），纯磷 0.9 千克（相当于过磷酸钙 5.62 千克），纯钾 2.52 千克。生产中要求各种草料成色新鲜干燥无霉变，若草料霉变了，则所含的养分就被耗费掉了相当部分，后劲就差了。

在我国，产稻区种蘑菇，以稻草为堆肥主料，稻草茎秆软，叶片多，易吸水，腐熟快；产麦区种蘑菇，以麦秸为堆肥主料，麦秸较硬且含有蜡质，不易吸水，发酵较慢；在北方大部分省区种蘑菇，将麦秸与玉米秸搭配利用，可扬长避短，互补不足，从而提高堆肥的发酵质量。

干玉米秸应无霉变，将其铡成 20～30 厘米长的段并经碾压，便于吸水发酵。当年产的鲜玉米秸含水过大，须晾晒几天，使细胞死亡，含水量降到 60％时再用于堆肥。软烂霉变的草料不能用。麦秸在收割之后，必须于烈日下暴晒数天，以速晒速干的麦秸质量最好。若在暴晒时遭雨淋，应及时翻晒，力求干透。优质的麦秸呈金黄色，质地坚挺，无霉臭味。这种麦秸堆制发酵时，产热量大，养分损失小。麦秸被雨淋发热后再摊开晒干，质量就差多了。晒干的麦秸最好贮放在能避雨的通风良好的场棚内。保管不当或水分过高的草料，在贮藏期容易发热霉变或草茎变软，以后堆肥时产热量小，易造成厌气发酵，不可能得到优质堆肥。

2. 畜禽粪 蘑菇堆料所用畜禽粪需周年收集，鲜牛粪含水量75%以上，通常400～420千克湿牛粪，才能晒出100千克干粪。较大的粪块如不晒透，贮藏时会发热霉变，对以后的堆肥发酵有不利影响。也可采用湿粪贮藏法，事先选好高地挖出粪塘，将随时收集的湿粪倒入粪塘内，用薄膜覆盖好以防雨淋。畜禽粪的营养成分和理化特性介绍如下。

(1)马粪　性热、质松，保水性强，发酵效果好，碳氮比为21∶1，是最理想的粪肥。但马粪含氮量比牛、猪粪低，仅为0.58%，使用时增加些饼肥或含氮化肥以提高其营养成分。

(2)牛粪　牛是反刍动物，饲料消化彻底，特别是食用青草的耕牛及牧牛，其粪养分不高。1头成年牛的全年粪便，大约可栽培50平方米蘑菇。干牛粪含氮率为1.65%，比马粪含氮量高；奶牛粪含氮率次之为1.33%。牛粪性热、质黏。因此要根据牛粪的质量确定具体用量，适量添加含氮量高的辅料，最好与猪粪、禽粪混合搭配使用较为理想。

(3)猪粪　含氮率为2%，磷、钾含量也较高，其中速效氮含量较高，为速效性粪肥。但猪粪性冷质黏，用猪粪种蘑菇，出菇快而密，但菇形小，菇质欠佳，易早衰，前期产量高，后期产量低。猪粪也应适量增加含氮辅料。生产上采用猪、牛粪混合堆料，能使蘑菇前后期产菇量较为均衡。需指出，含土或草的猪厩肥含氮率为0.45%，比纯猪粪低得多。

(4)人粪尿　代替部分猪、牛粪，栽培效果也很好。人粪尿含有机质5%～10%，氮0.5%～0.8%、磷0.2%～0.4%、钾0.2%～0.3%。在建堆前用人粪尿预湿草料，或在建堆时用人粪尿补充堆肥的水分和养分，可以提高堆肥的质量。

(5)鸡粪　禽粪中的养分含量以鸡最高，鸭、鹅次之。新鲜鸡粪中含水分50%，有机质25.5%、氮1.65%、磷1.54%、钾0.85%。禽粪的营养成分较齐全，氮含量高，堆料发热快、温度高，但碱性强、黏度大。如果采用鲜鸡粪且未经后发酵，则蘑菇菌床和菇体易感病。烘干的鸡粪的含氮量为3%左右，此外还含有蘑菇高产所必需的脂肪，未消化完全的饲料颗粒，大都是碳水化合物（占有机物的45%～50%）。生产实践证明，烘干鸡粪是堆肥的优良添加物。

蘑菇常用粪肥除单一使用外，也可混合使用，且混合粪肥常优于单一粪肥。粪肥混合使用时，可使堆肥营养成分更丰富，更有利于蘑菇的生长。

3. 粪草比 采用粪草料栽培蘑菇时，配方中粪肥与草料的重量之比叫做粪草比。粪草比虽不是碳氮比，但粪草比例的多少在营养成分上对碳氮比有一定影响，而且对堆肥的物理性状和发酵质量影响很大。

若粪少草多，尽管堆肥的通气性较好，但料内氮素营养相对偏低，俗称“料贫”，单产不会高，加之料的凝聚性能和保水保肥力差，有机物质过剩，被微生物分解后产生的有机酸会积累过多，当酸碱度（pH值）降至5.5以下时，蘑菇菌丝就不能正常生长。

若粪多草少，则堆肥透气性差，缺少弹性，易造成厌气发酵，同时料内氨气浓烈，碱性过大，菌丝吃料缓慢或生长停滞，蘑菇也不能优质高产。

由于栽培蘑菇的粪草种类繁多，品质各异，在收藏和发酵过程中又会受到多种因素的影响，营养成分变化很大，特别是氮素较易损失，所以在确定粪草比例以后，还应结合粪草的质量和碳氮含量，调整好碳氮比，通常氮素实际用量应比理论数值稍高一点较好。

粪草料内有较多的有益微生物，堆肥发酵质量好，营养成分丰富，长出的蘑菇品质好。我国粪草料的比例早期为7：

3，由于现代农业的机械化，畜粪资源紧缺已成为蘑菇栽培的限制因素，近年逐渐改为 5∶5 或 4∶6，有的已采用半合成堆肥，在四川盆地等地区种蘑菇基本上大部分用合成料。

所谓半合成料，即堆肥中仅添加少量畜禽粪或使用部分人粪尿，为补充氮素营养之不足，采用含氮化肥和饼肥加以补充。半合成堆肥一是解决了粪肥不足的矛盾，二是有助于堆肥的发酵腐熟，三是有利于提高蘑菇的产量和质量。半合成料在国外使用也很广泛，称作混合堆肥。

全合成堆肥则完全采用含氮化肥或饼肥代替畜禽粪，其优点是化学成分稳定，碳氮比例容易掌握，原材料无粪臭，操作较方便。但是全合成堆肥由于矿物质、维生素、生长素等营养物质往往不够全面，所以产菇率较低。

（二）堆肥辅料

辅料是蘑菇堆肥堆制时不可缺少的营养物质。它能补充主料中营养成分的不足，调节堆肥的碳氮比，促进堆料中微生物的活动和繁殖，改善堆肥的理化状态，提高堆料的发酵质量。

1. 饼肥 常用的有豆饼、菜籽饼、花生饼、酱油渣、啤酒糟、棉籽饼和茶籽饼等，饼肥含氮量较高，一般为 4%～6%。饼肥的用量应根据粪草质量及其碳氮比来确定，通常粪肥少的堆料，饼肥用量要相应增加。

2. 化肥 常用的有尿素、碳酸氢铵、氨水等。尿素含氮量高达 46%，溶解度高，是一种较好的辅助氮源，堆料时可优先选用，具体用量应视堆肥的碳氮比严格掌握。化肥用量不能盲目加大，比如尿素用量最好在 0.6%以内，以防栽培前期堆肥碱性过强，游离氨积累过多，抑制蘑菇菌丝生长或造成菌丝中毒死亡。

3. 石膏 硫酸钙($CaSO_4$)的二水化合物 $GaSO_4 \cdot 2H_2O$ 称石膏。含钙 23.3%,能溶于水,但溶解度不大。石膏宜用煅烧后的熟(烧)石膏($CaSO_4 \cdot 1/2H_2O$),如建筑用的石膏粉等,它具有脱黏、吸湿和形成团粒的作用。石膏粉的用量一般为堆肥干重的 1%～2%,在建堆和第一次翻堆时分 2 次加入,或建堆时 1 次加入。加石膏可补充蘑菇生长对硫、钙营养元素的需要,还能加速堆肥中的有机质分解,促使堆肥中可溶性磷、钾迅速释放,供给蘑菇菌丝吸收利用,从而提高菇体重量。石膏为中性弱酸盐类,虽不能直接用来矫正堆肥的酸度,但具有缓冲作用,可防止酸性发酵,保持酸碱度不发生大的变化。

石膏的另一重要作用,是能将堆肥中的腐殖质凝结成颗粒,使黏结的堆肥变得松散,有利于氨气挥发,进而改善堆肥的通气性状,促进微生物的繁殖活动,提高堆肥的持水力和保肥力。钙离子还有促进子实体形成的作用,石膏不但可除去不良堆肥的黏性,改善堆肥的物理结构,还有使铵离子稳定的作用,减少堆肥中的氮素损失。例如,石膏存在时铵离子增加,蘑菇产量也增加,其化学反应为:

$$NH_4^+ \rightleftharpoons NH_3 + H^+$$

pH 值升高时上式反应向右进行,挥发性的氨增多;加石膏后反应向左进行,固定性的铵增多。

当堆肥加过多的湿鸡粪而氨含量较高时,添加石膏的作用是较为重要的。有关数据见表 4-1。

表 4-1 石膏对 N 和 NH_4^+ 含量及 pH 值的影响

鸡粪(千克/吨)	石膏(千克/吨)	后发酵前			接种时	
		pH 值	N(%)	NH_4(%)	pH 值	NH_4(%)
0	0	8.86	1.58	0.15	8.20	0.02

续表 4-1

鸡 粪（千克/吨）	石 膏（千克/吨）	后发酵前			接种时	
		pH 值	N(%)	NH_4(%)	pH 值	NH_4(%)
100	0	9.02	1.67	0.36	8.49	0.06
200	0	9.18	1.76	0.57	8.77	0.10
0	25	8.41	1.49	0.19	7.56	0.01
100	25	8.54	1.61	0.38	7.65	0.06
200	25	8.67	1.73	0.56	7.75	0.12

从表中的数据可以看出，增加鸡粪的用量，堆肥的含氮量稍有增加，但氨含量和 pH 值却明显增加。添加石膏后经过后发酵，pH 值与氨含量都有所降低。pH 值越高，气态氨越多；而高 pH 值和高氨量同时出现会发生危险，严重时就有可能失收。生产实践表明，后发酵前的堆肥，其氨含量在 0.3%～0.4%为宜，超过 0.4%时将严重影响蘑菇产量。这些结果表明，在含氨量高的堆肥中添加石膏可中和氨气。不用石膏则可能由于存在游离氨而导致栽培失败。荷兰蘑菇专家推荐的石膏用量为：

麦秸：鸡粪：石膏＝1：0.8：0.08

4. 石灰 石灰有生石灰和熟石灰之分。熟石灰、生石灰、碳酸钙均为碱性物质，中和堆肥酸度的能力若以碳酸钙为 100 计算，则熟石灰为 135，生石灰为 179。石灰不能与铵态氮化肥混合，也不应与水溶性磷肥混合，否则发生不良化学反应。一般在堆肥之前，用 1%～2%的石灰水预湿草料，可以软化原料组织，提高草料的持水力，改善堆肥的理化性状。蘑菇栽培时，可用 1%～2%的石灰水来净化处理池塘水和河沟水，阳畦及菇棚在铺料前撒上石灰粉或喷洒石灰水，不仅有消毒杀菌作用，还有杀死线虫的效果；梅雨季节或空气相对湿度大时，菌种培养场地或棉塞外表撒上石灰粉，可以降低环境湿度，减少杂菌的发生。

5. 碳酸钙 碳酸钙（$CaCO_3$），又叫白垩或石灰石粉，是一种用石灰石加工磨碎的白色固体粉末，呈弱碱性，其性质稳定，但不具有消毒能力。碳酸钙不溶于水，但如果水有较多的二氧化碳，则能使其溶解，生成可溶性的碳酸氢钙。蘑菇菌丝体在含水的基质中生长，并不断排出二氧化碳，而二氧化碳又为碳酸钙所吸收生成碳酸氢钙，从而能不断地为蘑菇提供钙质营养。碳酸钙除补充钙素外还能中和菌丝生长时产生的有机酸，使堆肥的 pH 值不致下降过低，其用量一般为堆肥干重的1%～2%。市售碳酸钙分重质碳酸钙（机械磨碎）和轻质碳酸钙（化学碎化）两种，均可使用。碳酸钙如果短缺，也可用石灰或石膏粉代替。

6. 过磷酸钙 过磷酸钙，也叫普钙或过磷酸石灰，是一种弱水溶性的磷素化学肥料。大多数为灰白色粉末，易吸湿结块。蘑菇堆料中添加过磷酸钙，可补充磷、钙素的不足，同时磷能促进微生物的分解活动，有利于堆料发酵腐熟，还能与堆料中过量游离氨结合形成氨化过磷酸钙，防止堆肥中铵态氮的逸散。过磷酸钙是一种缓冲物质，具有改善堆肥理化性状的作用。过磷酸钙使用量一般为0.5%～1%。但，制作过磷酸钙的矿石中往往含有许多重金属，因此使用过磷酸钙往往是蘑菇重金属污染的来源，应注意检测，避免带来重金属污染。

二、培养料配方标准化

蘑菇栽培播种前需要进行培养料的建堆、翻堆，有一个发酵堆制的过程，称之为堆肥，堆肥质量密切关系到蘑菇的品质和产量，而培养料配方标准化则是保证堆肥质量的前提。

（一）蘑菇培养料堆制配方的原则

蘑菇栽培产量的高低与堆肥质量密切相关，堆肥质量的好坏除与建堆、翻堆等堆制方法密切相关外，还取决于堆肥的配方。如果堆肥配方不恰当，再好的堆制方法也无济于事。要想把握好堆肥配方，应注意以下原则。

1. 科学配方的原则 按蘑菇生产六大要素中营养物的科学要求来配方。在配方中，既要考虑原材料的碳源、氮源，又要考虑碳、氮比例，及配方材料中所包含的矿物质、维生素、生长素，还需考虑各种材料营养物质的相互搭配和材料的疏松透气程度。所以配方材料应多元化，碳氮比宜30～33∶1，培养料最终发酵后的含氮量应在1.5%～2.2%（低于1.5%的含氮量想要高产是绝不可能的），床架式栽培的培养料含水量宜65%～68%，地床式栽培的含水量宜63%左右。

2. 因地制宜的原则 按当地盛产的农作物秸秆和容易获得的材料为主料来适当配方。我国各地地理气候差异大，工农业生产中盛产的秸秆、下脚料和禽畜粪便差异也很大，蘑菇培养料的配方应根据当地容易获取的材料来进行。比如长江中下游地区、南方诸省及四川盆地稻草资源丰富，可用稻草作主要原料，再辅之以米糠、油枯、粪肥等作氮源材料就可配方；而北方省、自治区麦秸、玉米秸、大豆秸等较多，则可以这些材料为主料，辅以粪肥等材料也可配方；还有的地区甘蔗渣（叶）等制糖工业下脚料丰富，辅之以粪肥等材料，也可用来作堆制蘑菇培养料。

3. 经济合理的原则 根据当地原材料来源情况和价格构

成来选用经济合理的配方。生产中，草料既可选用稻秸、麦秸、玉米秸、大豆秆，还可选用油菜秆、甘蔗渣、蚕豆秸、花生藤及禾本科野草等；氮源材料可选用油枯（油菜籽饼）、米糠、麦麸、尿素、蚕沙（蚕粪）、豆饼及各种粪肥；矿物质添加料选用石膏、碳酸钙、过磷肥和磷酸二氢钾等。各种材料的价格构成是不同的，它们的效价比是可求的，应根据其营养价值的高低和商品价值的高低来合理取舍。比如，从含氮量来看，0.5 千克尿素的含氮量相当于 5 千克油枯，0.5 千克油枯的含氮量相当于 1 千克麦麸，所以生产中一般应多用油枯，而少用麦麸，适量使用尿素（注意：尿素用量不宜超过 0.6%，超过 0.6%易产生游离氨，对蘑菇菌丝有害）。

（二）蘑菇培养料堆制配方的碳氮比（C/N）

1. 确定碳氮比的依据 堆肥的碳氮比是否适宜，是衡量其质量好坏的重要指标，直接影响着蘑菇的发生时间和产量。堆肥发酵期间，各种微生物能够同化的碳素量，大体是堆肥总碳量的 30%；而要同化这些碳素，还需要同化碳素量 10%的氮素。如果堆肥中含有 100 千克碳素，微生物只能同化 30 千克，同时还需要搭配 3 千克氮素，否则微生物的同化作用不能顺利进行。用于栽培蘑菇的天然材料含碳较高，一般禾本科植物的碳氮比为 30～80：1，利用秸秆栽培蘑菇时，需要进行堆制发酵，初始堆肥中的碳素与氮素比例应为 30～35：1，蘑菇堆肥粪草成分的配比及加尿素的数量应严格按照这个要求。蘑菇堆肥的碳氮比，在发酵前为 33：1，微生物生长最活跃，腐熟堆肥接种时的碳氮比为 15～17：1，出完菇后的残料碳氮比为 11～15：1。可以看出，由于碳素比氮素消耗更多、更快，所以碳素相对不断消耗，堆肥中氮素的相对含量在微生物的作用下越来越高。

堆肥中的微生物分解碳水化合物，所产生的能量一部分用于微生物自身的生长繁殖，一部分以热能的形式释放出来。在此过程中氮素转化为菌体蛋白而残留下来，这种菌体是蘑菇的重要营养源。由于碳素的减少和氮素的残留，堆制过程中碳氮比减小。如果氮肥不足，就会明显影响蘑菇的产量；若氮肥过多，不但会造成浪费，还因碳氮比失调而导致出菇困难。在适当的范围内，堆肥的含氮量与产量呈正相关。农作物秸秆或农产品的加工下脚料碳、氮都很丰富，只要适当调整其碳、氮含量都可用于蘑菇堆肥。有关材料的数据见表 4-2。

表 4-2　堆肥原材料的碳氮含量与碳氮比

类别	材料名称	碳素 C(%)	氮素 N(%)	C/N	类别	材料名称	碳素 C(%)	氮素 N(%)	C/N
秸秆及籽壳	稻　草	42.3	0.72	58.7	粪肥	马　粪	12.2	0.58	21.1
	麦　秸	46.5	0.48	96.9		马厩肥	47.6	1.10	43.3
	大麦秸	47.0	0.65	72.3		黄牛粪	38.6	1.78	21.7
	燕麦秸	47.1	0.54	87.2		水牛粪	39.8	1.27	31.3
	玉米秸	46.7	0.48	97.3		奶牛粪	31.8	1.33	24.0
	玉米芯	42.3	0.48	88.1		猪　粪	25.0	2.00	12.5
	黄豆秸	49.8	2.44	20.4		猪厩肥	25.0	0.45	56.6
	木　屑	49.2	0.10	492		羊　粪	16.2	0.65	25.0
	野　草	46.7	1.55	30.1		干鸡粪	30.0	3.0	10.0
	棉籽壳	56.0	2.03	27.6		鲜鸡粪	14.8	1.65	8.90
	葵籽壳	49.8	0.82	60.7		鸭　粪	15.2	1.10	13.8

续表 4-2

类别	材料名称	碳素 C(%)	氮素 N(%)	C/N	类别	材料名称	碳素 C(%)	氮素 N(%)	C/N
加工下脚料	麦　麸	44.7	2.20	20.3	化肥	尿素 $CO(NH_2)_2$		46.0	
	米　糠	41.2	2.08	19.8		碳酸氢铵 NH_4HCO_3		17.5	
	甘蔗渣	53.1	0.63	84.2		碳酸铵 $(NH_4)_2CO_3$		12.3	
	啤酒糟	47.7	6.00	8.0		石灰氮 $CaCN_2$		35.0	
	豆　饼	45.4	6.71	6.76		氨水 $NH_4OH_nH_2O$		23.0	
	花生饼	49.0	6.32	7.76		硫酸铵 $(NH_4)_2SO_4$		21.2	
	菜籽饼	45.2	4.6	9.8		硝酸铵 NH_4NO_3		35.0	
	棉籽饼		5.5			硝酸钾 KNO_3		13.7	

2. 培养料的碳氮比计算　培养料堆肥发酵前的含氮量计算是将湿料全部折算成干重，再分别计算出各种含氮原料的总氮量，然后按“总氮量/总干重×100”的公式，即可求出堆肥发酵前的含氮量。

举例：蘑菇 100 平方米栽培面积的培养料堆肥配方用干麦秸 2 000 千克，干牛粪 1 300 千克，菜籽饼 80 千克，其碳氮比值及需要添加的尿素是多少？

从表 4-2 中查出各种材料的碳、氮含量，计算如下：

麦秸含碳量＝2 000×46.5%＝930 千克

黄牛粪含碳量＝1 300×38.6%＝501.8 千克

菜籽饼含碳量＝80×45.2%＝36.16 千克

堆肥总含碳量＝930＋501.8＋36.16＝1 467.96 千克

麦秸含氮量＝2 000×0.48%＝9.6 千克

黄牛粪含氮量＝1 300×1.78%＝23.14 千克

菜籽饼含氮量＝80×4.6％＝3.68 千克

堆肥总含氮量＝9.6＋23.14＋3.68＝36.42 千克

碳氮比＝1 467.96∶36.42＝40.31∶1

初始堆肥按碳∶氮＝33∶1 计算，总含氮量应为 1 467.96÷33＝44.48 千克，尚需添加纯氮量＝44.48－36.42＝8.06 千克。

根据计算，该堆肥的含氮量不足，需添加纯氮量 8.06 千克。折合为含氮 46％的尿素为：8.06/0.46＝17.52 千克。

3. 培养料的含氮量计算 堆肥碳氮比值仅能反映碳素与氮素的相对比例，而堆肥的含氮率则可表示营养水平。据统计，含氮量和产菇量之间有正相关关系，如在二次发酵过程中添加棉籽饼、大豆饼等含蛋白质多的物质就能增产。

含氮量过低是蘑菇产量不高的重要原因，含氮量过高、氨气过重对蘑菇生长也不利。从蘑菇堆肥高产配方实例来看，粪草堆肥在发酵前的含氮量最低要求达到 1.5％，最高不超过 1.7％；合成堆肥在发酵前的含氮量最低要求达到 2％，最高不超过 2.5％。

堆肥经过前、后两次发酵后，由于碳素消耗（堆肥产热耗费了部分碳素成为二氧化碳而挥发），含氮量都要因此增加 0.5％左右。在一般情况下，腐熟的粪草堆肥含氮率在 2％～2.2％时，就可以得到较高的产菇量；腐熟合成堆肥含氮率在近 3％时产菇率较高。

（三）蘑菇培养料堆制常用配方

1. 露地蘑菇一次发酵栽培配方 以每 667 平方米、净种 400 平方米计：

（1）无粪配方 晒干的稻秸、麦秸、玉米秸、玉米芯和油菜秆壳 5 000～7 000 千克，油枯500～700 千克，米糠 500～700 千克，尿素 60～75 千克，石膏 75～100 千克，过磷酸钙 75～100 千克，石灰 200～250 千克。

(2)有粪水配方　干稻草 5 000～7 000 千克，油枯 500～700 千克，米糠 400～600 千克，尿素 50～65 千克，过磷酸钙 75～100 千克，石膏 75～100 千克，石灰 200～280 千克，家禽粪及人粪尿水 5 000～7 000 升。

(3)有粪肥配方(粪肥用得越多，油枯、米糠和尿素就应该偏少)　干稻草 4 000～6 000 千克，干粪肥(指牛粪、猪粪、羊粪，如果用干鸡粪应该折半只用 1/2，如果用干兔粪应该只用 3/4)1 000～2 000 千克，油枯 400～600 千克，米糠 50～200 千克，尿素 45～60 千克，石膏 80～120 千克，过磷酸钙 50～80 千克，石灰 200～300 千克(注：添加的粪肥，最好用牛粪、猪粪或羊粪，平时收集时一定要晒干，以免肥效散失；干粪肥用得越多越好，甚至可以每 667 平方米用干粪肥4 000千克以上；干粪肥用得越多，草料和油枯、米糠可用得偏少，而且蘑菇产量、质量还更高；如果用鸡粪、兔粪应该注意必须减少使用量，而且不宜全用鸡粪、兔粪)。

2. 二次发酵常用配方(每 100 平方米计)

(1)配方一　干稻麦秸 2 000 千克，干牛粪 1 500 千克，硫酸铵 30 千克，油枯 45 千克，尿素 4.5 千克，石膏 35～50 千克，过磷酸钙 30～35 千克、石灰 45～55 千克。

(2)配方二　稻秸 2 500 千克、牛粪 1 600 千克、油枯 200 千克、尿素 12.5 千克，石膏 60 千克，过磷酸钙 40 千克、石灰 55～65 千克。

3. 标准化菇房常用配方(也是二次发酵常用配方)

(1)新粪草培养料配方(每 100 平方米计)　干稻草或麦

秸 2 000～2 500 千克(如果草料用了麦秸，则在单独预堆麦秸时，用麦秸用量 0.5%左右的碳酸氢铵撒在料堆里，促进麦秸软化)，干牛粪 1 500～2 000 千克，油枯 180～200 千克，石膏 40～50 千克，过磷酸钙 40～50 千克，石灰 55～65 千克。

(2)草菇下脚料配方(每平方米计)　草菇下脚料(折合草料算 15 千克/平方米)，原草菇废料拆下来在翻第二次堆的时候全部用；每平方米另加：干稻草或麦秸 7.5～10 千克，干牛粪 15～20 千克，油枯 3 千克，过磷酸钙、石膏、石灰各 1 千克。

总之，腐熟的粪草培养料含氮率在 2%～2.2%、腐熟合成培养料含氮率在近 3%时就可得到较高产菇量。

三、培养料堆制(堆肥)的标准化

蘑菇培养料堆制发酵是一套科学的发酵工艺，绝不能认为是沤渣渣肥。培养料堆制发酵包括了合理的配方、适宜的水分、温度、酸碱度、翻堆的时间和方法、发酵时间的长短与堆形高低宽窄以及料堆通气状况等。蘑菇培养料堆制发酵得好，播种后发菌快，生长旺盛，不长杂菌、产量高；若堆制发酵不好，播种后菌丝不成活或不吃料，出现菌丝只在料面一点点，深入不下去等现象。

蘑菇菌丝是不能很好地分解生料的，培养料必须经过堆制发酵才能被吸收利用。蘑菇培养料堆制(称为堆肥)要用草料、辅料等材料按配方比例搭配，要讲究材料本身的质量好坏程度，需要讲究碳氮比、矿物质、维生素、生长素以及整个养料的含水量和疏松透气程度，更需要合理的堆制方法培养大量的放线菌，讲究培养料堆制(堆肥)的标准化，而并不是随便将料混在一起就能高产的。

(一)蘑菇培养料堆制(堆肥)的目的

蘑菇培养料堆制发酵的目的:采用适当的原辅材料和工艺,建适当体积大小的料堆,通过微生物活动产热,培养嗜高温有益微生物如放线菌等,分解高分子物质、产生菌体蛋白和放线菌干扰素等选择性抑制物质,调节水分、酸碱度等微环境,杀死培养料中存在的螨虫、线虫、菌蛆等害虫,杀死或抑制培养料中存在的病原微生物,形成蘑菇菌丝生长发育所需要的优质营养物质和微环境,为蘑菇优质、高产、稳产奠定坚实的基础。

(二)蘑菇培养料堆制的方法

1. 培养料的预湿

(1)预湿的目的　蘑菇堆肥的主要原料是稻草、麦秸、玉米秸及其他秸秆,由于各类秸秸都有不同程度的蜡质层,有的如麦秸还较坚硬,不易吸水,所以在正式建堆前必须将草料提前预湿、充分吸水,才便于优质培养料的堆制。

如果建堆时草料未充分吸水预湿,则建堆时不仅需泼大量的水,会增加建堆难度,还易导致肥料的流失,而且建堆时草料太干不利堆温上升。草料充分预湿后,则可避免这些问题的出现而提高堆肥质量。

(2)预湿的方法　将蜡质层厚、质地较硬的草料设法破碎或铡断,以增强吸水性。麦秸、玉米秸秆等材料蜡质层较厚,采取机械破碎或人为铡断的办法可改变其表层阻水的能力,促进吸水能力增强。生产中选用联合收割机收获的麦秸、玉米秸则较好,因为收割机在收获粮食时,已将麦秸、玉米秸破碎,此种草料增大了吸水面,使用效果较好。

草料预湿可采用抽水机抽水(或自来水)喷淋、池塘浸泡或在堆料场低洼处挖1个适当大小的水坑用来浸草等方法，将草淋湿浸透。

(3)预堆(假堆) 将各种措施淋湿的草料按正式建堆的形式进行简单堆制(此次不添加其他材料)，堆制时适当喷水，使堆子的草料抓一把来握，能滴下10余滴水即可。预堆不添加米糠、麦麸、油枯、尿素、粪肥等材料，如麦秸较多，可在堆子里适量撒一些碳酸氢铵(0.1%～0.2%)，这样可促进麦秸发热软化。预堆的目的就是使草料预湿充分、适当软化，以利正式建堆。预堆时，人可站在堆上踩踏(如果预堆时人踩踏了的，则正式建堆时就不能再踩踏了，以免透气性不好)。

用稻草作主料的蘑菇堆肥，如果稻草采用喷淋、浸泡等已吸水充分，则可不必进行预堆(假堆)，而直接用于建堆。

2. 培养料的建堆方法 在堆料过程中，要做到前期高温发酵，后期控温发酵；重点应抓住料的水分和透气两个方面。因为草料前期生，透气好，堆温高；后期熟，透气性差，堆温低、水分蒸汽小，故而料堆水分应掌握对一次性发酵料“一湿，二调，三不动”，或对二次性发酵料进棚前“前湿，中控，后调整”的原则。堆型应先大后小，翻堆间隔时间应先长后短。

(1)建堆的选址与前处理

①选址 建堆场应在菇房(棚)周围，选地势高燥、靠近水源、背风向阳的地方，堆子的走向应根据风的走向来确定，按顺风方向建堆，风对料堆“吹头不吹腰，温度升得高”(即风只能吹在堆子的头部，而腰部则风吹不到)。

②前处理 建堆前应将场地适当平整、喷洒800～1000倍敌敌畏液杀虫，再适量撒石灰粉对场地消毒；建堆前应将草料充分预湿，使草料含水量达70%以上，即抓一把草料握，能

有近10滴水滴下，建堆前8～24小时应将牛粪等粪肥预湿，使之握能成团、掷能分散；建堆前应准备好所有材料，包括米糠、麦麸、油枯、尿素、过磷肥、薄膜、工具等。

(2)建堆方法　先用少量石灰粉划好场地，料堆宽2米、长2米以上(按每150余千克草1米计算)、高1.6米左右，再将草料、粪料、油枯、尿素、过磷肥等混合，分别分成8等份(注意：石灰不能混合在内，否则，如果混合将与过磷肥起反应，而过磷肥和石灰都将失效)。接着用一等份草在规划的线上先扎边子(稻草麦秸混堆的尽量用谷草砌边，麦秸、玉米秸撒在中间)，剩下的草把中间填平。然后撒一等份粪肥、油枯和尿素于草上，这样每层堆积，从第二层开始浇水于草上，要求均匀，水粪浇匀，下层少浇，上层多浇，每层增加，料堆好后四周应有少量的粪水渗出为宜，料堆四周上下垂直，堆时做到每堆一层料厚30厘米左右。将四周边子和中间踩紧，铺第七层料时边子收缩约6厘米，铺第八层时收堆成"龟背形"。并将四周边子盖严，随即将薄膜围(盖)好料堆。堆顶留70厘米左右不盖薄膜而加盖茅扇，用于起防水、保温、增温以及排除废气的作用(注意：石灰只能在最后一次或倒数第二次翻堆时分层加入料堆，主要目的是调节料的pH值)。

具体做法：先在地上铺放一层预湿过的稻草(或麦秸)，厚20～30厘米，宽1.8～2.2米，视场地及材料多少而确定长3～10米。往草上面撒放预湿过的牛粪、油枯、米糠、尿素等，盖满草面为度；其上再铺放一层草料，要求与第一层相同，但先用草料扎边子，以利堆形垂直，然后用草将堆心填平，人站在堆上踩，随后再撒放一层牛粪、油枯、米糠、尿素等，从第三层起视草料含水情况泼水或粪水。这样一层草，一层粪(含其他辅料)、一层水或粪水堆叠上去，共堆8～10层，直到堆高

1.6 米左右，顶层用牛粪全面覆盖，堆体即建完毕，似长方体盒子(图 4-1)。在堆中插一支长柄温度计，以便监视堆温上升情况。

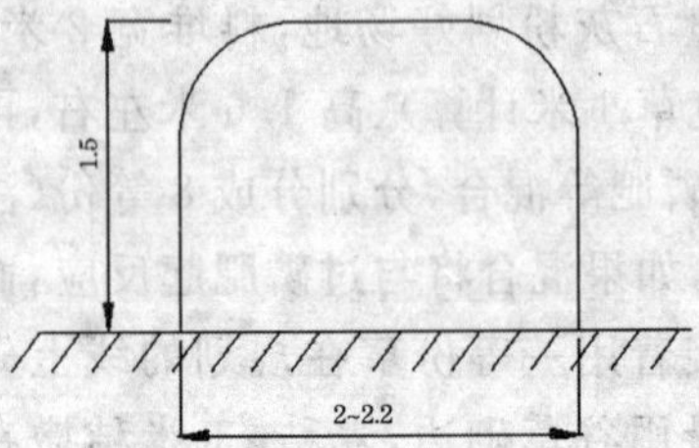

图 4-1　堆肥外观大小

(单位:米)

晴天用草被覆盖遮阳，以免风吹日晒，使堆表培养料过分干燥。雨天堆顶覆盖塑料薄膜，严防雨水渗入料堆，雨后及时掀膜透气，长久覆盖薄膜将影响堆内透气，导致厌氧发酵，影响堆肥质量。建堆时还得注意用草料扎边子使料堆的边缘尽量平直，防止倒塌。建堆时将有机氮肥、油枯等配料、总用量 1/2 的石膏拌和分层撒入。如堆料预湿不够，在建堆时，要酌情泼水，直到四周溢水为止，过磷酸钙待第三次翻堆时添加。

添加辅料主要是改善堆肥的理化性质。堆肥的发酵是多种微生物共同作用的结果，不同的微生物均有最适氮源种类，不同氮肥的酸碱度不一样，其肥效长短不一。因此，在堆肥配方的设计中，必须混用不同的氮肥，以利于各种微生物的繁殖和 pH 值的调节。

建堆时，应一次加足全部氮肥量，绝不能在第二次翻堆时加入，否则不但不能全部被微生物所利用，上床后还易释放出游离氨，引起蘑菇菌丝“氨中毒”。

(3)*建堆后可能出现的问题及解决方法*　建堆后 2～3 天不升温(温度达不到 50℃以上)，这是料过干或过湿，或缺氮等肥料所致，则要重新建堆，改正缺点(添米糠或油枯或调整水分达到要求）。

如草料有恶臭味、酸味，是料堆过厚过宽或薄膜盖得太严厌气发酵造成的，就要揭膜、拆堆、抖草排出废气，用石灰水调节 pH 值 7.5～8 重新建堆，建后在堆上打洞，洞要打到底。

如果堆料时间已够、温度也正常，但料内有氨气，栽培时，料铺上菌床不要急于下种，应边铺边抖摊晾 2～4 天，等氨味散后再下种；若料内水分用手握有 3～5 滴或以上的水下滴就要摊开，晾晒至水分达到握料只有水痕而不下滴或最多 1～2 滴为适宜。

（三）蘑菇培养料翻堆的方法（以一次性发酵为例）

1. 翻堆前的准备 建堆后 5～7 天或上次翻堆后 3～5 天，当堆温上升到 65℃～75℃温度不再上升而开始下降时，就应进行翻堆。翻堆与建堆一样，需要进行必要的准备，准备工作通常包括以下内容：

（1）人力准备 翻堆需要一定的人手，一般一个长八九米的堆子，翻堆需要 3～4 人半天时间。

（2）器材准备 翻堆时应有钉耙、竹竿（木棒）、竹笼（直径 30 厘米左右，长 3～5 米，用竹木编制的能通风透气的长圆形竹笼，用于翻堆时，置于堆底，以改善料堆底部通风状态，减少厌气发酵）、铁锹、喷雾器等工具。

（3）药品和塑料薄膜准备 每次翻堆前应对料堆四周及料表、堆底喷洒 300～500 倍敌敌畏液，喷药后立即用薄膜密封盖严，以利于熏杀料堆中的各种害虫。所以，应准备敌敌畏（50%或 80%浓度都行）、完整的塑料薄膜等材料。

2. 翻堆的目的 首先，通过对粪草的翻动，改善料堆各部位的发酵条件，调节水分和酸碱度，增加养分，散发废气，增加新鲜空气，促进有益微生物嗜高温放线菌等继续生长不断繁殖；其次是升高堆温（堆温可达 72℃以上），使培养料得到转化和分解；再次是尽量杀死螨虫等害虫。因此，每次翻堆时应做到：先用敌敌畏喷洒料堆并覆盖薄膜闷 2～3 小时杀虫后，再分层翻堆，上翻下、外翻内、把料抖松抖散，四周及边子拍实，翻堆完毕，用草扇覆盖堆顶，切忌用塑料薄膜密封料堆，如果下雨，只能用薄膜盖顶，不可全遮，做到“宁可淋湿衣，不可淋湿料”。

3. 建堆、翻堆后的微生物群体变化 建堆初期料温较低，喜中温的腐殖霉类如青霉、粪壳霉、链格孢霉、灰色刺孢霉等产热真菌首先定殖，促使堆肥中心温度逐渐上升。随后，一些中温型微生物相继死亡，代替之是嗜热放线菌、嗜热细菌逐渐地增多。这时堆中心腐殖霉类微生物几乎不复存在，出现一些专性嗜热放线菌和专性嗜热细菌（芽孢杆菌属、梭状芽孢杆菌属）。堆中下部因氧供应不足，湿度较大，大多数为厌氧性细菌。翻堆时从正常堆肥的横断面明显分为四区（图 4-2）。四区在堆肥中所占的比例，因堆料含水量、氧供应状况而变化。如堆肥预湿不足时，在带有放线菌的高温区及最佳发酵区内出现成片雪白色放线菌的斑点，甚至出现“烧堆”。如堆料预湿时过湿（>70％），堆料中供氧的“通道”被堵塞，堆内二氧化碳累积量增加，进行厌氧发酵。厌氧细菌大量增殖，堆料未能很好降解，出现大量发黏、发臭、呈蓝黑色培养料。为了使堆肥进行正常发酵，在建堆初期，堆料基质含水量控制显得十分重要，目的是减少冷凝区和厌氧发酵区在堆内所占比例，以便充分进行发酵。

4. 翻堆方法（以一次性发酵翻堆时间、方法和注意事项为例） 以麦秸为主要原料的翻堆间隔时间为 7、6、5、4、3(3)天

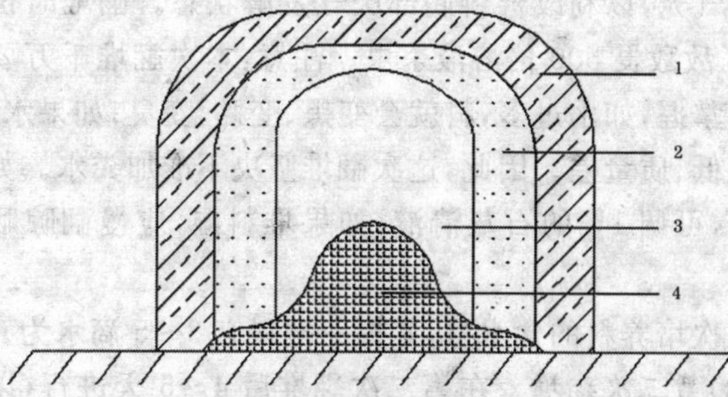

图 4-2　堆肥内四个发酵区分布

1. 干燥冷凝区(害虫聚集区):20℃～35℃
2. 带放线菌的高温区:45℃～55℃
3. 好氧发酵区:55℃～75℃
4. 厌氧发酵区(害虫聚集区):20℃～35℃

共计 25～28 天翻 4～6 次;以稻秸为主要原料的翻堆间隔时间为 6、5、4、3(3)天共计 18～21 天,翻 3～4 次。

(1)第一次翻堆　在堆料后 6～7 天进行。先喷 80%敌敌畏 500 倍液并用薄膜盖严密闭杀虫,再顺料堆外 1 米远处划好新场地,新堆基宽缩短 0.2～0.3 米,长不变,堆高 1.5 米。用钉耙等将堆子表层的料拔开,将中间的料用来在新堆子铺底、扎边、盖面,再把原来表层的料放在中间、底层的料置于中上层。翻堆时,分层边翻边抖。

以麦秸为主的培养料,视其干湿,可以从第二层开始适当地浇少量粪水于草面上;以稻草为主的培养料,一般不浇粪水,可调 1%的石灰水清液。总之,料中含水量应掌握用手紧握一把料有 5～7 滴水滴下为宜。

(2)第二次翻堆　在第一次翻堆后 5～6 天进行,方法基本同上,本次翻堆起到最后 1 次翻堆均可在堆底铺设竹笼或其他通气笼，以利改善料底部厌气发酵状态。翻堆时仍然先喷 80%敌敌畏 500 倍溶液杀虫。注意：本次翻堆千万要重视水分的掌握，如水过多，料就会变黑、变黏、变臭；如果水过干，则堆温低、质量差。因此，这次翻堆坚决不准加粪水。如果堆料过干，可调 1%的石灰清液；如果堆料湿，应慢翻晾晒逐层翻堆。

这次培养料的含水量，紧握一把料有 3～5 滴水为宜。

(3)第三次翻堆　在第二次翻堆后 4～5 天进行，以稻草为主料的料堆此次翻堆应该分层加入石灰粉（注意，以麦秸和玉米秸为主料的料堆应该在第四次翻堆时分层加入石灰粉）。翻堆方法同上，仍然先喷敌敌畏 500 倍溶液杀虫。注意：料已快熟了，千万要重视水分的掌握，因水过多，料就会变黑、变黏、变臭，而且堆温低、质量差。

这次培养料的含水量，以紧握一把料有 1～3 滴水为宜。最后 1 次翻堆还可在料内分层喷打 0.1%多菌灵液和食用菌专用杀虫剂 1 000～1 500 倍等药剂杀菌杀虫处理。

以稻草为主的培养料，在第三次翻堆后 3 天，应该检查堆料是否已发酵成熟，如已发酵成熟就应及时播种了。如果还未成熟，则应该再翻第四次堆，仍然先喷敌敌畏 500 倍溶液杀虫，此次翻堆时可预先埋下竹、木棒，翻堆后就形成了通气孔，有利于培养放线菌和提高发酵质量。

(4)第四次翻堆　以麦秸、玉米秸为主的培养料，在第三次翻堆后 4 天进行第四次翻堆，基本方法同上，仍然先喷敌敌畏 500 倍溶液杀虫，分层撒石灰，预先埋下竹、木棒形成通气孔以提高发酵质量，再隔 3 天就应检查料是否成熟，如成熟就应及时播种，播种前的含水量掌握紧握一把料指缝间见水不滴或滴 1～2 滴为宜，如果过湿就晾晒，过干就调 1%的石灰清液；如不成熟，则应该翻第五次堆。

(四)蘑菇培养料二次发酵翻堆的方法

1. 二次发酵第一阶段(前发酵)翻堆时间、方法和注意事项

(1)翻堆　建堆后，随着时间推移，微生物分解，使料堆变得更加沉实。翻堆使堆料中微生物重新获得氧气。翻堆目的是改变堆肥中各发酵小区理化性质，使之都能均匀地在富氧适宜状态下得到充分发酵。

培养料堆制过程中由于微生物降解，堆料体积减少，随着翻堆次数增加，每次堆宽应缩小 20 厘米、长度不变。

翻堆共要进行 3～4 次(表 4-3)，每次都要在堆温下降时实施。第一次翻堆时，先将冷凝干燥区拔开翻到一边，抖松做新堆中心；带有放线菌的高温区及好氧发酵区堆料翻到一边作新堆底及码边盖面；将厌氧发酵区翻出抖松，重叠到中上部，形成新好氧发酵区；最后将原先翻下的好氧发酵区放在堆外，形成新的冷凝干燥区。第二、第三次翻堆同上。

表 4-3　前发酵建堆翻料及添加调水方法

建堆翻料	建　堆 (0 天)	第一次翻堆 (第五天)	第二次翻堆 (第九天)	第三次翻堆 (第十二天)	进房发酵 (第十五天)
添加材料	稻草或麦秸、粪肥、无机矿物、过磷酸钙、氮肥、石膏粉等	添加石膏总量的 1/4	添加石膏总量的 1/4、石灰(兼治虫)	添加剩余石灰并喷敌敌畏 500 倍液(兼治虫)	(兼治虫)

续表 4-3

建堆翻料	建　堆（0天）	第一次翻堆（第五天）	第二次翻堆（第九天）	第三次翻堆（第十二天）	进房发酵（第十五天）
调水方法	麦秸石灰水提前预湿假堆5～7天	补足水分	治虫药剂还可用1 000～1 500倍食用菌专用杀虫剂调整进房前的水分		含水量65%～70%，pH值7～8

注：表中翻堆次数仅供参考，实际应根据堆温下降，决定是否要翻堆

(2)注意事项　①二次性发酵翻堆的温度应该比一次性发酵的温度稍低(即在前发酵堆温升至65℃～68℃时就要翻堆，而一次性发酵堆温应达72℃以上才能翻堆)。②所有有机肥，必须在建堆时全部分层撒下，留下一半石膏在第一及第二次翻堆时施入。③如堆料过湿，在翻堆时，可放置竹笼或在堆底放置小枝丫柴，用草把塞住两头，控制堆底进风量，以减少厌氧发酵区的体积，同时还可适当增施石膏。④第二次翻堆前，调节足够水分，最后一次翻堆时，再调整进房含水量至65%～70%，用大拇指和食指，取堆内几根草料，用力捏紧，以有几滴水珠滴下为准，pH值7.5～8。

(3)前发酵草料标准　以草料呈咖啡色，扁平、较柔软，有触手感，具有少量氨味或微量香甜酒味。整个前发酵期15～18天(用了麦秸不超过25天)，一般翻堆3～4次(表4-3)。通过前发酵阶段微生物群降解的结果，分解部分基质，保证各组分混合均匀，为后发酵做好准备。

2. 二次性发酵第二阶段(后发酵)的发酵工艺

(1)实施二次发酵第二阶段后发酵工艺的目的意义　在60～70年前，美国人兰伯特用蘑菇堆中的厌氧发酵区、好氧发酵区、带有放线菌的高温区、干燥冷凝区分别栽培蘑菇，发

现用好氧发酵区的堆肥栽培蘑菇，得率最高；其他发酵区的培养料，如再经50℃～55℃下，并适当通气条件进行堆制，堆肥质量可得到改进，因而提出后发酵工艺，也称为二次发酵。该工艺经人们不断改进，目前已日趋成熟。

(2)后发酵程序　将经过前发酵的培养料搬入菇房，外热加温，1～2天内使菇房温度尽快上升至58℃～62℃，维持8～12小时，随后，通风，降温至48℃～52℃，维持4～6天进行控温发酵。

(3)后发酵原理

①巴氏消毒阶段(前期)　将菇房内堆温上升至58℃～62℃，维持8～12小时，称巴氏消毒。其功能有3方面：一是在高温下使大部分病原菌及各类害虫的卵、幼虫及成虫体内的蛋白质和酶，特别是细胞呼吸酶，受热变性引起个体死亡。二是高温下促使嗜热微生物大量增殖，分泌水解酶，有利培养基质的降解。三是在高温条件下，部分未完全分解的前发酵的粪草在酶作用下继续分解，形成腐殖质类化合物，供蘑菇菌丝利用。

②控温阶段(后期)　巴氏消毒后适当通风，降温至48℃～52℃，维持4～6天，称为控温阶段。主要功能有2方面：一是通风降温，培养料内氧的供应状况得到改善，提供嗜热微生物群繁殖最佳生态条件，嗜热放线菌能利用堆肥在发酵中残留下的氨作为氮源，促进嗜热微生物群增殖，加速培养基质降解，同时产生聚糖类物质、烟酸、B族维生素等以利于蘑菇菌丝吸收。二是将巴氏消毒中残留下来的病原菌杀死。

3. 前发酵培养料的上架

(1)堆料进房上架前准备　菇房处理。堆料进房前，必须将菇房清扫干净，加固栽培床架，进行菇房消毒将底层及过道铺好塑料薄膜，以便收集进棚上架时掉在地上的培养料。后发酵多在菇房内进行，必须认真搞好菇房密封工作，否则后发酵过程中燃料消耗大，室温难上升。常用的消毒方法有如下几种。

①硫黄熏蒸法 硫黄粉燃烧（$S+O_2 \rightarrow SO_2+O_2 \rightarrow SO_3$）产生二氧化硫及三氧化硫气体。此二种硫黄燃气均无色，有刺鼻味，侵透力强，为高效氧化杀菌剂。SO_2 易被水汽吸收形成 H_2SO_3，杀菌力强。使用时按 10 克/平方米配量称硫黄粉，加在点燃的木炭上让其缓慢燃烧，产生 SO_2 气体，密闭熏蒸 12～24 小时。室内墙壁房顶先喷湿可提高消毒效果。

注意事项：熏蒸过程要注意防火，要随时从窗外观察硫黄燃烧的情况，以防发生意外事故。如果栽培房较大，可多点熏蒸，从里向外点燃。

②甲醛（福尔马林） 为无色气体，沸点为 -21℃，极易挥发，其挥发蒸气穿透力极强，有强烈刺激味，会刺激人的皮肤、黏膜，易溶于水和醇，其 40% 水溶液称之为福尔马林。甲醛在冬季常会聚合，析出乳白色聚合物，可添加 8% 的甲醇来消除或滴入几滴硫酸。

甲醛易与蛋白质（包括酶）结合而使蛋白质变性，引起菌体和芽孢死亡。甲醛是一种强杀菌剂，常用于无菌室（箱）、培养室、栽培房的熏蒸消毒，挥发甲醛方法有直接加热法及氧化还原反应法。直接加热法是将福尔马林置于容器中，直接在酒精灯上加热蒸发，蒸发完应及时撤除火源。氧化还原法是部分甲醛与高锰酸钾反应产生大量热，使甲醛蒸发。通常使用量按每立方米为 7 克高锰酸钾和 10 毫升福尔巴林混合。福尔马林具有强烈刺激味，使用时应先在菇房过道上置碗盆若干。先倒入福尔巴林，随后从里向外逐碗（盆）倒入高锰酸钾，以防人体中毒。

③波尔多液　由生石灰、硫酸铜和水按一定比例配制，为天蓝色黏稠状悬浮液体，具有良好悬浮性和黏着性，呈碱性反应。波尔多液中所含铜离子可使杂菌细胞中毒，常用于蘑菇房床架消毒。波尔多液配制及注意事项，参阅有关农作物病虫害防治书籍。

(2)调节培养料湿度　前发酵粪草要有一定弹性，粪草如发酵过熟，进行后发酵时，不能产生较高生物热，影响堆温升高。前发酵最后一次翻堆时应根据后发酵加热方式和菇房结构特点，调节好粪草含水量，使之达68%～72%。采用干热加温，含水量调高一些；相反，湿热加温，含水量调低一些。土墙菇房有一定吸水潜力，培养料含水量应控制偏高；相反，混凝土结构菇房，含水量控制偏低些。

(3)培养料的上架　选择晴天，关闭菇房内所有通风窗口，集中人力尽快在12小时之内将培养料搬入菇床，以防堆温下降。堆料应先从最顶层铺起，顶层一段铺料厚15厘米左右，下面层架每层铺料厚不低于25厘米，且料集中堆放在除底层的床架上，成培垄式，底层床架温度较低，如果将菌料放在底层则达不到后发酵的目的，并且还杀不死螨虫等害虫，容易导致生产失败，所以底层的菌料应全部放在第二层(图4-3)。进床应根据天气预报，提前或推迟1～2天选择大晴天实施，以利于后发酵进行。

4. 外源加热进行二次发酵的第二阶段——后发酵工艺

(1)菇房加热　菇房加热、控温、通风是后发酵的关键，加热有多种形式。

①废汽油桶加热法　将废汽油桶卧放在煤灶上，盛水加热，鼓风机助燃，用铁皮管将蒸汽引入室内，置过道上。每隔

一段管道凿小孔，以利蒸汽均匀散发。另用鼓风机通过房顶敷设铁皮管两侧小孔送风，加速室内热循环。该法费用虽大，但升温快。

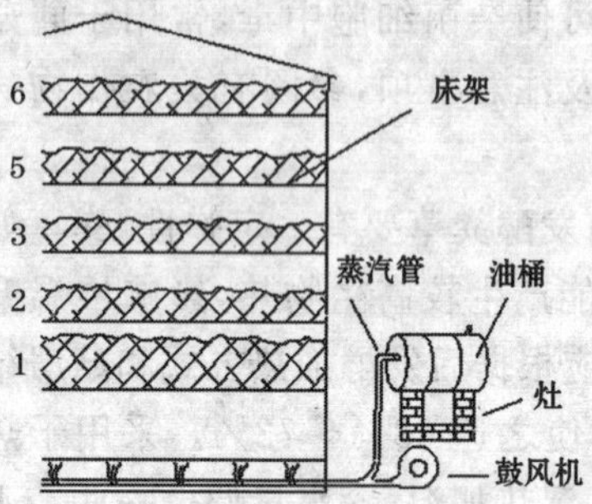

图 4-3　高棚二次发酵外源加热
（第一层的料铺在第二层）

②室内砌炉灶用湿热蒸汽加热法　在菇房内墙边的走道砌临时性炉灶，加热水孔及灶门设在墙外，用铁皮管将烟道引出栽培室外，室内用电风扇将蒸汽鼓风均匀。根据栽培房大小，每室可增设 2～4 个蜂窝煤炉置于地窗口附近，上置大水锅，以补充热源不足，此法费用较低，燃料利用率高，但蒸发量小，堆料受热不匀。

③室内煤炉加热法　培养料进房后，密闭菇房，让堆料自然升温，第二天将 10 余只旺火煤炉放置菇房过道及地窗口附近（以便添煤），炉上置盛有热水的钢精锅。升温过程尽量不要进入室内，以防煤气中毒。此法虽简单，热能利用效率高，但蒸发量少，温度不好控制，培养料易偏干。

（2）温度及通风程度控制

①后发酵工艺前期保持 58℃～62℃ 8～12 小时　加热初期料温高于室温，为了使室温能在短时间内迅速上升，连续用猛火加热，待料温为 58℃～62℃，恒温保持 8～12 小时（采用外源蒸汽加热，室温将超过料温；相反，室内燃汽加温，料温高于室温）。为了减少床架之间温差，采用上述废汽油桶外源加热方式，还可打开鼓风机送风，加速室内热循环。

②后发酵工艺后期保持48℃～52℃ 4～6天　巴氏消毒结束后，停火。中午时，适当短时间打开对角窗数对，让菇房短时间换气。当料温逐渐降至52℃，随后继续加温，使料温控制在48℃～52℃，维持4～6天。后发酵结束后，将上层背风窗口打开，让顶层先降温、降湿，缓慢降温。经一段时间后，再开启中、下窗，最后全部打开窗户及拔风管。实际上还应根据前发酵堆肥质量、菇房结构的差异、热源不同和栽培床料厚薄等进行适当调整后发酵程序。

(3)分床和水分调整　降温后结合水分调整，将培养料均匀分床，并使贮积在料堆内部有害气体，通过翻动排除，随之整平床面。

总之，通过前、后发酵，进行有氧发酵降解和生物氧化使堆温不断上升，培养大量放线菌，使草秆纤维断裂，并发生焦糖化反应，禾秆碎片颜色加深，形成低分子化合物，这些化合物能被双孢蘑菇菌丝所吸收和利用。

(五)蘑菇合格培养料(堆肥)标准

1. 一次性发酵合格培养料标准　料呈咖啡色，无氨气、无臭味，有较舒适的面包馒头气味，腐熟均匀，并富有弹性，草料用手轻拉能断，手握培养料能握成团，松开后能自然伸展，培养料pH值7.5～8，含水量为62%左右，即用手紧握料见水不滴或用手握滴1～2滴水，无病虫害。

2. 二次发酵合格培养料标准

(1)前发酵结束时料的标准　质地柔软，无生草，手握有弹性，不黏手，呈褐色或灰褐色，无异味或酸味，pH值7.5左右，手紧握料时有3～5滴水或用手扭能滴8～10滴水，含水量70%～75%。

（2）后发酵培养料标准　出现大量白化的嗜热真菌，料中长满白色斑点状放线菌，料面和料底长满白色绒毛状的腐殖真菌，料质地松软，有弹性，不黏手，无氨味，有糖香味，呈褐色或棕褐色，pH 值 7～7.2，含水量 65%～68%，即用手紧握培养料有 1～2 滴水。

第五章　铺料播种的标准化

一、铺料后播种前准备的标准

铺料后播种前是指将一次性发酵堆制合格的培养料铺入菌床后，等待接种的时期，或是指二次发酵的后发酵阶段结束后，人进入菇房将集中于中部层架的培养料分散铺于底层和各层层架后，等待接种的时期。

(一)一次性发酵模式铺料后播种前的准备

1. 杀虫　铺料前必须将培养料喷300～500倍敌敌畏液后，用薄膜密封5～12小时以杀灭料中的害虫，但菇农却忽略了此关键环节，致使铺上床、架后的料中带虫。许多菇农在铺料前不检查料的水分、pH值和有否害虫，也不检查料的温度、是否有氨味等，就直接播种。这样，往往造成播种后的菌种被热死、被闷死、不萌发的现象出现；即使菌种萌发，往往也不吃料，深入不下去，或菌丝被螨虫、线虫、跳虫等啃食，造成蘑菇生产的失败。

2. 通风、排氨、除湿(调湿)、降温、调pH值　料铺好后不要急于播种，而应摊在菌床上晾1～5天，以利排氨，除湿(调湿)、降温、杀虫。若湿度过大，通过摊晾可以除湿，若湿度不够，可喷石灰水加以调节；若pH值不合适，也可用石灰水来调节(若料碱性太重，pH>9，则用磷酸二氢钾水溶液来喷洒调节)；料温太高，通过摊晾后，料温会下降到28℃以下；通过摊晾，料中有害气体如氨气等会被挥发；若经检查，发现料中还存有螨虫、线虫、跳虫等害虫，应喷洒 300～500 倍敌敌畏液杀虫。通过这些措施，可确保蘑菇种植的成功。

（二）二次发酵层架式栽培铺料后播种前的准备

二次发酵结束后，应先将菇房地面和底层的菌料以及转运工具用 300 倍敌敌畏液杀虫，再将铺于菇房中部层架的培养料分散铺于底层和各层层架上，许多菇农对地面、底层的菌料和所用来转运的工具不经过消毒和杀虫就直接操作，往往容易造成培养料的二次污染（尤其是底层螨虫的大量滋生）；在重新铺料后，播种前还应检查培养料的湿度和温度，采用湿热法二次发酵的料往往较湿，应结合通风降温来除湿，但菇农往往忽略降温、调湿这一重要环节。

只有注意培养料不被病、虫二次污染，注意降温（28℃以下）、调湿（含水量 63％～68％），才能给播种创造好的环境，使二次发酵层架式播种后菌种能迅速萌发、吃料和健壮生长。

二、一次性发酵栽培播种与覆土前的管理技术

播种前准备工作完成、各项指标达标后就可进行播种。播种后 1～3 天以保温保湿、促菌萌发定植为主，播种后4～10 天以杀虫、养菌为主，播种后 10～15 天覆土，严禁边播种边覆土。

（一）播种前的准备

备够茅扇、药品等有关材料，做好各种准备后才能播种。因为蘑菇菌丝的特点是：干不死、冷不死、淹得死、热得死、闷

得死，所以要做好充分准备。

1. 准备菌种保湿材料 菌种保湿材料应该具备保湿、透气和防水滴下3方面的作用。可用浓石灰水（pH值12以上）浸泡稻草8小时以上，然后沥干明水，以备播种后覆盖菌种，起到保湿作用促进菌种萌发和防止水滴湿透菌种而导致菌种死亡的作用；也可用若干塑料编织袋或双层遮阳网，经开水烫煮或药水消毒、杀虫后，以备播种后覆盖菌种的保湿透气材料所用。

2. 排氨、调湿、降温、调 pH 值 培养料必须采取措施进行排氨、调湿、降温、调pH值，等凉透了（28℃以下）才能准备接种。

3. 杀虫 播种前1天，将菇厢和培养料堆各喷1次80%敌敌畏500倍溶液（如是50%敌敌畏则应该用300倍液），同时将栽培种棉塞拔出，用30～50倍敌敌畏溶液浸一下，随即塞入瓶内以闷杀菌种可能带的害虫。

（二）播种方法

1. 菌种处理 将菌种用2%～3%的来苏儿液或500～800倍高锰酸钾液浸泡1～3分钟消毒后捞出，准备几个经消毒后的盆子，将菌种棉塞打开，用经消过毒的铁钩将菌种瓶口2～3厘米内的菌种口皮料钩出单独放入1个盆子，每钩1次将铁钩在2%～3%的来苏儿液或500～800倍高锰酸钾液中浸泡1次（注意：此部分菌种十之八九都有病虫害，一般不用），瓶子其他部位的菌种则掏在另外专门的盆子内以备接种用。掏瓶过程中，若发现菌种有真菌感染，则此瓶菌种应放弃不用，不能继续掏在菌种盆里。

2. 播种 将菌种以撒播的方式均匀地抖撒在培养料上，

用手或木板轻轻刨料，使部分菌种混入料中，然后将料整平，再在料面适量撒一些菌种，每平方米用种量约 1 瓶麦粒菌种为宜。

3. 覆盖保湿材料 播种后铺盖浸过石灰水的湿稻草或塑料编织袋，或双层遮阳网在菌料上，并注意遮荫保湿，以利于菌种萌发和定植。

（三）播种时间

根据当地的气候条件（以气温 22℃～27℃为宜）来确定最佳铺料和播种时间，比如四川盆地露地地床栽培，一般要求播种时间以 9 月 25 日至 10 月 5 日为宜。

（四）播种后的发菌管理

播种后以保湿为主，空气相对湿度要求达到 90%以上，前 3 天可不通风，3 天后在保湿的前提下，要进行适当通风透气，晴天晚上通风，阴雨天白天通风，以利于菌种萌发、定植和菌丝迅速生长。要严防太阳暴晒使棚（房）内产生高温而烧死菌种（温度达到 33℃菌丝将停止生长甚至死亡，因此超过 30℃应立即撤膜、通风并设法降温）。

（五）病虫害防治

播种后要检查杂菌和害虫，若发现有病虫害，要及时消灭。消灭方法：发现杂菌立即挖去患处并用菌种填补。对害虫应：①检查螨类用深色塑料布，放在料面上 5 分钟，拿起塑料布，上面有小点爬行，即是螨类。②检查线虫、跳虫，将料装玻瓶或试管内 1 小时，用 10 倍放大镜观察内壁，如有灰白色的弹跳小虫，是跳虫；有像棉纤维的蠕动虫，是线虫。发现有害虫，用食用菌专用杀虫剂 1 000 倍液喷洒床面。虫害严重时，可用磷化铝片熏杀，每平方米放 1 片，施药时不用手直接拿药，要用夹子，最好应戴防毒面具（磷化铝接触湿空气会迅速产生毒气），边放药片，边盖塑料薄膜，密闭 2 天后才揭开通风。

（六）严禁边播种边覆土

边播种边覆土是四川等地菇农的一贯做法，他们认为边播种边覆土可提早收菇，许多农民还以为种蘑菇的技术要求就是要边播种边覆土。实际上，边播种边覆土是极不科学的错误做法。

1. 边播种边覆土容易造成生产大面积失败　由于边播种边覆土的做法将土盖上培养料后，人们看不见土层下培养料中菌丝生长的情况，培养料是否有病害、是否有虫害不清楚，菌种是否萌发、是否有问题不清楚，菌丝是否吃料、生长势如何不清楚，菌料的温度是否过高、pH 值是否合适、水分含量是否恰当、通气状况如何等都不清楚，这一系列的不清楚，使本来蘑菇栽培是很容易控制的，变得“玄乎”起来，种植蘑菇是否成功，似乎还要碰运气，往往等到生产出了问题了，病虫害大量孳生了，蘑菇长时间不出菇了，才发现问题。

以上这些问题，都是由于边播种边覆土造成的。如果播种后不急于覆土，而是通过 5～10 天的观察、培养菌丝，就能知道培养料和菌丝的状况。如果培养料有问题、有杂菌、有害虫，在覆土前是完全有办法调控和防治的；如果菌种有问题还可重新补种；如果菌丝不吃料，还可想办法调节……总之，只要没有覆土，一切问题都可以调整和解决。

2. 边播种边覆土是劳民伤财的错误做法　边播种边覆土

不仅使蘑菇生产变得不可控、易失败，而且还加重了农民负担，许多想种蘑菇的农民由于安排不出劳力而不能进行生产，拒绝了更多农民参与蘑菇种植。

许多农户一家三口只有两个劳动力从事蘑菇生产，因许多菇农都是边播种边覆土，需要耗费大量劳动力，要想种菇，就必须花钱请人帮忙，但又无钱请人，所以本来可种 667 平方米蘑菇的，却只能种 133.4～200.1 平方米。据调查，栽培 667 平方米露地蘑菇的农户，在播种时，由于边播种边覆土就需要5～6 个劳动力 3～4 天才能完成，这样一户人家往往需请 3～4 人用 3～4 天，每人每天花费 20～30 元，这样播种和覆土结束需花雇工费用 200～300 元。这笔近 300 元的花费是额外负担，本来是可以不支出的，但，采取边播种边覆土却不得不花。请人帮忙，不仅花了钱，欠了人情，而且往往覆土的处理很粗放，还达不到好的覆土效果。

实际上，一个三口之家的农户种 667 平方米的露地蘑菇，播种和覆土完全是可以自己完成的，根本用不着另外请人，而且，不请人既可节约近 300 元的开支，又可保证栽培效果、提高覆土质量、增加蘑菇产量进而增加种菇收益。种 667 平方米蘑菇，2 个人播种需 1～2 天，播种后观察菌丝长势及菌料病虫情况，加以调控。播种 3 天后开始准备覆土泥，做好覆土泥的消毒杀虫和破碎工作；播种后 5 天起至 10 余天可陆续覆土。这样，不仅使农户节约了开支，提高了覆土质量，保证了蘑菇的高产、稳产和增收，而且可吸引更多的农户从事蘑菇种植。

三、二次发酵栽培播种与覆土前的管理技术

二次发酵栽培蘑菇与露地一次性发酵栽培蘑菇的播种时间和覆土要求差异较大，生产者应该分清方法，采取恰当的时间和方法来进行生产。

(一)播种时间

各地应该根据当地气候条件（以气温 25℃～28℃为播种最宜期；菌丝生长期约 25～35 天，此期间温度宜在 21℃～25℃）来确定最佳铺料和播种时间，如四川省大邑县标准化菇房和高棚蘑菇一般以 8 月 20 日至 9 月 10 日播种为宜，最迟不超过 9 月 15 日。

(二)播种前趁热杀虫

二次发酵控温阶段结束后，针对地面和底层床架上有可能存在的螨虫未被热烫致死还大量存活的现象，应趁热在播种前进行杀虫处理。在二次发酵控温阶段结束后，对地面、1 米以下墙壁和底层床架以及第二层培养料表面（背面）喷洒敌敌畏 300～500 倍液，然后密闭门窗 5～12 小时，以便杀灭可能存活的害虫。

(三)排　料

当杀虫处理结束后，通风，将铺在第二层或其他层架的培养料重新均匀铺在第一层或所有的层架（注：顶层宜只铺一半厚度），同时，整理料面，为播种做准备。当料温稳定降至 30℃以下后，方可进行播种。

(四)播　种

1. 播种覆盖材料准备　准备好播种后的覆盖材料，要求具备保湿、透气和防滴水3方面的性能。可用干净无虫的遮阳网，也可用干净无虫的打了许多孔的、或有较多破口的废黑色薄膜或塑料编织袋。

2. 播种方法

(1)菌种处理　播种前提前1～3天进行防治螨虫的处理，用凉开水配制50倍的敌敌畏溶液，然后立即将菌种的棉塞拔出、少许浸一下对好的敌敌畏溶液，再塞回棉塞，这样可防治螨虫；播种前将菌种连瓶(袋)一起用2%～3%的来苏儿液或500～1 000倍高锰酸钾液浸泡1～3分钟消毒，然后将口部的菌种钩在一边(此部位的菌种有可能有杂菌)以后单独使用，其余好的菌种钩在一起备用。

(2)播种　当料温稳定降至28℃以下后，方可播种。播种时将菌种以穴播套撒播的方式均匀地撒在培养料上，每平方米用麦粒菌种1.5～2瓶，用手或木板轻轻拍料，使部分菌种混入料中，然后将料整平，再在料面适量撒一些菌种。

(3)覆盖保湿材料促进菌种萌发定植　可用浓石灰水(pH值12以上)浸泡稻草8小时以上，然后沥干明水，以备播种后覆盖厢面用；也可用塑料编织袋或双层遮阳网，经开水烫煮或药水消毒、杀虫后覆盖厢面使用；还可用清洗过的、喷过药杀过螨虫的、干净无虫的、打了许多孔的、或有较多破口的废黑色薄膜来覆盖保湿(严禁用不透气的塑料薄膜作覆盖保湿材料)；如果菇房湿度能控制在85%以上，除顶层外其余每层也可不覆盖，依靠菇房自身的湿度促进菌种萌发和定植。

3. 播种后的发菌管理　播种后以保湿、控温为主，空气相对湿度要求达到90%以上，温度宜在28℃以下，前3天可不通风，3天后在保湿的前提下，每天要掀开覆盖物1～2次进行透气，同时要将菇房适当通风透气，晴天晚上通风，阴雨天白天通风，以利于菌种萌发、定植和菌丝迅速生长。播种后5～7天，表面菌丝长满后，应该及时揭去覆盖物，加大通风，促进菌丝向料内生长，当室温达到30℃时，应采取外墙、屋顶喷水和开窗等措施降温（注意：温度达到33℃菌丝将停止生长甚至死亡，此时必须采取打开天窗和屋顶喷水等方法强制散热降温）。

第六章　覆土标准化

一、覆土的基本常识

根据国内外蘑菇高产的经验表明，蘑菇产量高低与覆土泥中菌丝的涵养量密切相关，即覆土层中菌丝量大，营养输送畅通，则蘑菇产量高。而覆土层中菌丝能否涵养好，关键在于能透气状态下的覆土持水量，覆土层持水量越大，则菌丝涵养越好。因此，覆土泥的持水率（吸水量）越大，越能促进蘑菇高产。所以，生产中，调制持水量大的、透气性好的覆土泥是蘑菇高产的重要举措。

（一）覆土前准备

播种以后的蘑菇菌床，在正常培养管理条件下，10～35天就可以覆土。覆土的具体时间主要是根据菌床堆肥内的菌丝生长程度来决定，其次还应结合菇房条件、自然气候、菌丝生长活力等因素灵活掌握。一般要求是：翻开菌料，当菌丝吃料 2/3 以上，大部分菌丝的生长部位已接近堆肥底部，且室温在 25℃以下时，就要进行覆土。

通常菌床铺料较薄或接种量较大，料内菌丝生长快，发菌期短，覆土要早，反之则迟。此外，覆土时间内若气温较高，应推迟覆土，以避免覆土后菌床发生病虫害。如果堆肥内菌丝生长发育正常，但因菇房保湿性差，料面菌丝干缩衰退，应先适当调水后，覆盖双层遮阳网或报纸等保湿材料进行“吊菌丝”,待菌丝爬上料面再覆土,这样菌丝搭土较快。覆土前的准备工作如下。

1. 检查和杀灭病虫 一旦发现粪生帚霉、橄榄绿毛壳霉、菌蚊及螨类等病虫害,必须在覆土之前彻底处理。否则,覆土后更难根治,且隐患太大。

2. 整平床面 用手把表层堆肥菌丝轻轻抓一抓,搔动一下,并把过干的竖起的草料拿掉一些,然后拉平并轻轻拍实料面。料面经过搔动,菌丝发生断裂,覆土调水后,再生的绒毛菌丝多,菌丝上土快。

3. 吹干料面 覆土前,菌床表层应保持偏干状态,切忌喷水,这样覆土调水时,料面能承受一定量的水分,可减少调水时漏床而引起的菌丝萎缩。若覆土前菌床表面仍很潮湿,应加大通风吹干料面。

4. 床边抹泥 采用床架式栽培的,在堆肥翻格、铺料、播种后,为防止菌床四周堆肥塌落和覆土滚落,通常用18～25厘米高的挡边板或用稻草、麦秸编成挡网拦住,此法虽有助于菌床透气,但边料成为无菇区。床边抹泥是用一层麦秸泥把菌床边料糊上的拦边方法,此法不仅减少了拦边材料费,还使无菇区变为出菇区。据计算,床边抹泥一般可增加菌床出菇面积20%左右,而且菌床的保湿性能得到加强,蘑菇单产明显提高,现已为广大菇农所采用。

床边抹泥的材料一般采用粗、细土分筛后落下的泥末,或河泥改良土制作后剩余的泥粉。使用时先用石灰清水将其搅拌成粥状稀泥,pH值为7～7.5。然后用其把菌床边料糊实,泥厚1～1.5厘米,以见到少许草料倒伏在泥面即可。采用粗、细土覆土时,泥边上口略呈埂样且稍高于料面,以利覆土后稳住菌床边缘土粒。床边抹泥的次日,待泥表面干爽板结时，用细竹筷戳洞，洞距 3～4 厘米。床边抹泥通常在覆土前 2～3 天进行，如果覆土前温度高，天气干燥，则应放在覆土调水后停水发菌时糊完。

(二)覆土厚度

覆土层的厚度，主要是根据覆盖材料的不同而分别确定，其次还应结合产区的自然气候、菇房保湿性能，菌床的铺料厚度和栽培菌株，以及菌床发菌情况等综合因素灵活掌握。

床架式菌床采用粗、细土覆盖时，覆土层厚度一般为 3～4 厘米，粗土厚 2.5～3 厘米，细土厚 0.8～1 厘米；采用河泥砻糠土覆盖时，土层厚度先以 2 厘米左右为宜，最厚不得超过 2.5 厘米，加盖细土后，总覆土层厚度 3～3.5 厘米；采用细土砻糠土覆盖时，土层厚度约 3 厘米，补盖细土后总厚度为 3.5～4 厘米。

地床式栽培一般取本土泥进行消毒、杀虫、调 pH 值和调水后，采用土粒不分大小一次性覆土 4～5 厘米的方式，但土粒最大不超过鹌鹑蛋大。

菌床覆土层偏薄，透气性虽好，但保湿性差，加上土层持水量低，菌丝增殖量少，生长不旺盛，产菇量会相应下降，同时由于覆土层供水不足，子实体发育要从堆肥中吸取更多水分，致使菌床本身水分消耗过快，变得过干，影响产菇能力。覆土层过厚，菌床透气性差，不利于结菇或结菇部位偏深而影响菇质。一般来说，产区气候干燥，菇房保湿性能差，菌床铺料较薄，草多粪少，堆肥偏干，菌丝生长旺盛或覆土材料疏松，覆土层可适当厚一些；反之，则应薄一些。据报道，在覆土厚度为 1.3～5.1 厘米范围内，覆土层越薄，蘑菇产量越低。这表明薄覆土层产量低的主要原因是薄覆土层不能提供子实体发育所需足够水分的缘故。

(三)覆土次数

菌床覆土次数主要根据覆盖材料的结构和规格而定,其次还要结合土层菌丝生长情况灵活掌握。通常情况下,床架式菌床覆土次数为 2～3 次,而地床式栽培一般采用一次性覆土。如采用常规粗、细土粒覆土时,一般先覆 1 次粗土,待菌丝搭土或入土 1/3 高度时,接着覆 1 次细土;当土层菌丝长出细土缝并与细土齐平时,即菌床喷结菇水前 1～2 天,再覆 1 次细土。采用一种规格的中细土粒(直径 0.6～0.8 厘米)覆土时,先一次性覆完中细土粒,当菌丝生长接近土表时,再覆 1 次 0.5 厘米大小的细土粒或者不覆。采用河泥砻糠覆土时,先一次性覆完河泥砻糠土,当土层缝隙中有菌丝露头时,需补覆细土 1 次(不露菌丝处不覆),待土层菌丝长足后,再覆 1 次细土(特别是气生型菌株的菌床),共覆土 2～3 次。

正常覆土次数完成后,若出现土层菌丝徒长情况,应结合大通风和喷重水措施,酌情加盖 1 次细土。

(四)覆土工作中常有的误区和正确的方法

播种后 7～15 天,当菌丝生长至菇床菌料的 1/2～2/3,菌丝茂密旺盛,未发现有病虫害时,就要及时覆土。覆土是关系到蘑菇出菇好坏、产量高低的重要技术环节。覆土质量好、方法恰当,那么蘑菇的产量就高、质量就好、优质菇多;而覆土质量差、方法失当,易遭受覆土带来的病虫害,导致菇体质量下降和产量降低,严重者甚至绝收。各地菇农在蘑菇种植中,对于覆土工作,存在以下误区,必须加以纠正,才能确保蘑菇栽培的稳产、高产和优质。

1. 覆土泥的选择和处理不当 许多菇农在种蘑菇覆土时,常常随意取土,不注意土质差异,也不根据土质差异来进行适当处理,常常处理不当,引起蘑菇栽培染病、生虫、被污染和减产。

各种土壤中微生物群落和病虫害情况是不一样的,对蘑菇生产为害大的土壤害虫主要有螨虫、线虫和跳虫,危害严重的病害主要有疣孢霉、轮枝霉和细菌性斑点病等。这些病虫害在土壤中,特别是在菜园土和种过蘑菇的田土中分布数量众多,如果覆土泥处理不当,将会造成生产的重大损失。近几年来,四川盆地及云南、贵州、广西等地采用露地蘑菇种植模式的地区,普遍存在的"蘑菇连作障碍",就是因菇农对厢面和覆土的处理特别是对覆土泥处理不当,未经或未严格消毒杀虫所引起的重大问题。

各种土壤所具备的理化性质是不一样的,有的疏松、有的易板结,有的偏酸(pH 值<6.5),有的偏碱(pH 值>8),有的含水量高,有的含水量低,有的有重金属污染,有的有工业废物污染,有的盐分含量大(超过 0.4%),而许多菇农对这些知识严重缺乏,不管是什么土壤,而随意处理。比如,该撒石灰而不撒,不该撒时反而撒,结果往往导致蘑菇不能正常出菇或出菇差、受污染。

2. 覆土时间把握不当 许多菇农边播种边覆土,既劳民伤财,又造成了蘑菇生产的不可控现象发生;还有些菇农长时间不覆土,错过了覆土最佳时机,白白浪费了最佳出菇季节,影响了蘑菇的产量。这些,都是覆土时间把握不当造成的。

正确的一次性发酵栽培蘑菇覆土时间,应是在各地适宜播种季节(即气温 22℃~27℃)播种后 7~15 天内进行,即当菌丝穿满料面,向下生长至一半时,只要无病虫,或对病虫进行了恰当处理不再染病虫后就可覆土。

正确的二次发酵标准化菇房或高棚层架式栽培蘑菇的覆土时间，因播种时间提前，应是在各地适宜播种和菌丝生长季节（即气温22℃～27℃）播种后20～35天内进行，即当菌丝穿透或即将穿透全部培养料时，只要温度在25℃以下，有病虫害的对病虫进行了恰当处理、不再染病虫后就可覆土。

3. 覆土厚度掌握不当 覆土的厚薄，应根据覆土泥的持水率和采摘菇体的大小来确定。如果覆土泥持水性能好，吸水量大，而且采摘的菇体主要用于制罐需要偏小（菇盖直径<2.5厘米），则宜覆土薄一些（3厘米左右）；如果覆土泥持水性差，吸水量小，则应覆土偏厚些（4～5厘米）；如果需要采摘市场鲜销的大菇、厚菇，覆土也要偏厚些（4～5厘米，褐色蘑菇覆土可厚近6厘米）。但是，在具体操作中，许多菇农都不管上述原理，而乱覆土，有时偏薄（连菌料都未盖住），有时又超厚（超过5厘米）；有的用的是河泥砻糠土，结果还是铺厚（超过4.5厘米）。

二、覆土的作用

蘑菇的重要特性是不覆土不出菇，因而在发满菌丝的料面覆土是蘑菇栽培中一项极重要的技术措施。覆土对蘑菇生长发育的主要影响是改变菌床的生态环境，促进蘑菇菌丝逐渐由营养生长转为生殖生长，诱导原基形成。

营养菌丝在堆肥中大量繁殖的发菌过程称为营养生长。如果不从营养生长转为生殖生长，蘑菇菌丝就长期以菌丝的形式继续生长，而不形成子实体。覆土是蘑菇发生的必要条件，其主要作用和机制如下。

（一）二氧化碳梯度

覆土后经 7～10 天的发菌上土后，必须大量通风换气，在降温刺激的同时，也使菌床堆肥、覆土层和菇房空气三者中的二氧化碳含量呈梯度变化，堆肥中的二氧化碳浓度最高，为 2%～3%；覆土层为 0.4%～1%；空气中的二氧化碳浓度应在 0.2%以下。这样的二氧化碳含量梯度有利于诱导蘑菇菌丝形成原基。原基形成之后，覆土成为向菌丝层供给氧气的通路，同时也把菌丝层中产生的二氧化碳扩散到空气中。

（二）产生营养落差

在蘑菇菌丝由料内长入土层过程中，由于泥土营养组分和浓度与堆肥造成的落差，使生长势处于旺盛期的蘑菇菌丝受到抑制，并以增粗形成菌索的生理反应方式来适应覆土环境，转向生殖发育而结菇。土层成分促进菌丝分泌胞外漆酶，增强营养物质的转化，降解醌类物质，促进土层菌丝的结实。

（三）有益微生物

较早时期，人们都认为诱导蘑菇原基的形成，物理和化学方面的影响是主要的因素，自从 1961 年发现原基的形成和细菌的存在有关以来，才知道微生物也起着重要的作用。蘑菇在生育过程中所产生的挥发性代谢产物，例如乙醇、乙酸乙酯、丙酮会抑制原基的形成。这些抑制物质被覆土中的细菌分解，结果会诱导原基形成。覆土被灭菌后使用，原基形成较为困难（表 6-1）；在其中加入臭味假单孢杆菌和活性炭，原基就被诱导出来。臭味假单孢杆菌是从出菇很好的覆土中分离出来的细菌，从蘑菇产量很低的覆土中分离出来的细菌，很明确是另一种细菌。

表 6-1　覆土中的微生物及其作用

培养料和覆土	子实体形成
正常堆肥发菌，正常覆土	正常
无菌堆肥发菌，覆灭菌土	无或很晚形成
无菌堆肥发菌，覆灭菌土，加臭味假单孢杆菌	正常
无菌堆肥发菌，覆灭菌土和活性炭	正常

(四)供应水分

这是覆土最重要的作用。试验表明，在出菇期间覆土层贮存并释放的水分，大约占所产蘑菇重量的 40%～45%，其余的由堆肥提供。

(五)盐分适度

堆肥的盐分浓度高，而覆土的盐分浓度低。可是在栽培过程中可溶性盐类会从堆肥层向覆土层渗移，主要是随着水分向菇床表面毛细渗透而移动的。刚覆土时，土中含可溶性盐类占干物质的 0.07%，收获结束时达 0.5%，浓度增加了 7 倍。覆土中可溶性盐类浓度增加之后，会慢慢地抑制原基的形成，导致蘑菇减产。可以认为，当覆土和堆肥中的可溶性盐类大约达到同一浓度时，就会抑制原基的形成。例如，在河北省曾发生过这样的事情，10 多个菇棚中的堆肥自上年秋后播种后，发菌状况良好，但覆土后一直不出菇，尽管土层中的菌丝并不弱。一直到翌年的 4 月份尚未有原基生成，而其他乡村的蘑菇大棚在同期已收获了 2～3 潮菇。经调查分析，这些菇棚所用的覆土是陈旧的墙坯土或炕坯土，而这些墙坯或炕坯当初取自该村的高盐碱土质。后来经当地技术部门取覆土样品分析,其含盐量比对照高得多。

原基的形成和盐类的种类没特别的关系,可以认为较低的渗透压有利于原基的形成,因为菌丝发透而不覆土的堆肥经反复喷水之后,堆肥表面的盐分浓度被稀释而形成低渗透压层后,会形成少量的蘑菇原基,有时也会长成子实体。

(六)固定子实体

当原基发生后,覆土是子实体的物理支持物,覆土层可支撑蘑菇子实体正常发育。

(七)机械刺激

覆土层的重力压迫和刺激,使蘑菇菌丝产生收缩、重组增粗等生理性自我保护反应,菌丝形态的渐变过程促进了子实体发生。

(八)稳定酸碱度

覆土层稳定的 pH 值是极重要的。如果覆土层的 pH 值降低到 6.5～6.8,则原基形成很困难。在出菇期间,蘑菇菌丝的代谢产物会使菌床的 pH 值下降,因此出菇后期适当喷些石灰水提高覆土层的 pH 值是有益的。另外,覆土层能隔离杂菌对菌床的直接感染。

三、覆土材料的标准

覆土的结构和理化性质应符合蘑菇生长的需要,适宜的材料应该有如下性质:①具团粒结构,持水力强。反复喷水团粒结构不破坏，不沾污菇体。②含有促进出菇的有益微生物，不含病原菌、害虫。③通气性能好，有一定重量。④中性偏微碱性(pH 值 7.2～7.8)。⑤含少量腐殖质(5%～10%)。⑥含盐量低于 0.4%。

在生产实践中，覆土工作除了必须进行喷洒药剂消毒杀虫、撒石灰调 pH 值和调节土壤湿度外，栽培者还需要了解各种土壤的有关知识，特别是土壤含水量的本质差异问题。不同类型土壤的持水率见表 6-2，表 6-3。

表 6-2 黏土含量与土壤的类型

黏土含量(%)	土壤类型
12.5 以下	沙土
12.5～25	沙壤土
25～37.5	壤土
37.5～50	黏壤土
50 以上	黏土

纯粹的沙土(粗沙、细沙、微沙)不具团粒结构，保水性和通气性都差，不能采用；含适量腐殖质的黏壤土作为覆土较好。用两指尖搓一下，可以强烈地感到黏壤土比壤土要黏一些。

表 6-3 不同覆土的最大吸水量 (%)

覆土材料	最大吸水量(%)
沙、灰岩	8～10
河泥	30～38
河泥、石灰石和泥炭混合物	36～60
泥炭土混合物	80～90
泥炭沼混合物	200～250

各地生产中表现良好的覆土材料(既有高持水性能,又有良好的通风性能,能充分满足菌丝在土层中的营养)有:草炭土、发酵土、砻糠土。

四、覆土泥的处理和消毒杀虫技术

当前,许多蘑菇产区在蘑菇栽培中,特别是在地床蘑菇栽培中,常常发生病虫危害,导致蘑菇减产和品质降低,其中覆土泥携带病虫害而未被杀灭是其主要原因之一,覆土材料是病虫入侵菌床的重要媒介。为此,覆土材料的消毒杀虫是蘑菇生产工作中极为重要的技术环节。

(一)覆土泥的处理

覆土泥在挖掘搬运到处理场后,往往较湿或块状太大,需要进行晒干、破碎等处理工作,总的要求是:土粒不超过鹌鹑蛋大小,土粒含水量能加入消毒药水而不致太稀不透气为宜。

(二)覆土泥的消毒

覆土材料消毒处理的目的是最大限度地降低覆土材料中常见病原菌的含量,如疣孢霉、轮枝霉等,从而减轻蘑菇栽培的病菌危害。覆土材料不同,消毒处理的方法也有所不同,最常用的是甲醛消毒法,其次还有堆沤发酵法、太阳能消毒法、蒸汽消毒法以及漂白粉消毒法等。一般土壤中的微生物数量见表 6-4。

表 6-4　土壤中微生物种类与数量　（$\times 10^4$ 克）

名　称	微生物数目($\times 10^4$ 克)
细　菌	1000～1500
放线菌	200～500
丝状真菌	2～5

覆土不能搞成完全无菌状态，因为需要有益于出菇的菌类如假单胞杆菌。消毒的主要目的是消除有害菌，覆土材料的消毒处理方法如下。

1. 甲醛消毒法　1 立方米土粒用 0.5 千克甲醛，对水5～10 升，均匀喷洒在土粒上，然后做堆并盖上薄膜，或者将土粒堆的顶部做一凹坑，坑内置一容器，将高锰酸钾倒入容器，并注入适量水溶解，再按 1 立方米土粒加入 0.5 千克甲醛，随即盖上薄膜，使甲醛在膜内气化。无论是喷雾消毒还是气化消毒，施药后土堆都必须迅速用较厚的塑料薄膜覆盖，薄膜四周要用土压严，密闭熏蒸 48 小时。然后揭去薄膜，扒开土堆并翻动土粒，待土粒上残留的甲醛气味逸散消失后(约 3～5 天)才可覆盖菌床，否则会产生药害，影响土层菌丝的正常生长，推迟出菇。

2. 堆沤发酵法　采用浅层耕作土或施用过蘑菇废料的稻田土、菜园土作覆土材料时，由于土壤中污染源较多，必须采用堆沤发酵法对土壤进行消毒处理。为了提高消毒效果，可在建堆、捣土、翻堆等配制过程中，按 100 平方米的覆土材料加入 1 千克甲醛。具体方法可参考怎样制作发酵土和河泥改良土专题。

3. 太阳能消毒法　将土粒薄薄铺于水泥地面上，用透明塑料薄膜严密覆盖，在烈日下膜内温度可达50℃以上，土粒经翻晒3～4周后可达到消毒要求。

4. 蒸汽消毒法 将晒干土粒置于密闭的环境内，利用制种灭菌设备或后发酵湿热加温设备，通入70℃～75℃热蒸汽，保持2～3小时。消毒后吹晾散去土粒表面水分，即可使用。

5. 漂白粉消毒法 采用常规河泥砻糠湿覆土时，因为不宜使用甲醛消毒，所以采用漂白粉消毒。其方法是先将浸泡于石灰清水中软化的砻糠捞出，沥去多余水分，然后按每100平方米菇床的砻糠用量，用漂白粉0.55千克(也可用0.2%多菌灵替代)，对水稀释100～150倍，均匀喷洒到摊开的砻糠中，砻糠经多次翻拌，并散去部分水分后，再与粥状河泥混匀，之后便可覆盖菇床。

(三)覆土泥的杀虫

覆土泥中的螨虫、线虫、跳虫以及菇蝇的卵和幼虫是为害蘑菇的主要害虫，尤其是螨虫、线虫和跳虫对蘑菇的为害特别严重，在覆土前，必须进行杀灭。在对覆土材料进行消毒时，通常结合喷洒杀虫剂和杀螨剂，以兼治覆土材料中的害虫、害螨。常用的药剂有：80%敌敌畏500～600倍液，20%～25%二嗪农(二嗪磷)500～600倍液，或食用菌专用杀虫剂1 000～1 500倍液等。

五、常用覆土的操作及调水技术

(一)河泥(塘泥)砻糠土的覆土操作与调水方法

河泥(塘泥)、砻糠(即大米加工厂将稻谷剥壳下来的粗壳，四川一带多用于烤酒）是江南一带蘑菇产区广泛应用的一种菌床覆土方法。此法不仅拓宽了菌床覆盖材料的来源，而且解决了蘑菇覆土时取土困难、泥质差、泥源紧张的矛盾。

1. 河泥（塘泥）砻糠土的优点

（1）省工省力　常规粗、细土作覆土材料时，100 平方米菌床大约要用规格土粒 4 000 千克（约 4 立方米），取土和土粒制作时不仅劳动强度大，用工 30 个左右，而且需要近 40 平方米晒场，花 1 个月才能晒干。采用河泥砻糠作覆土材料时，覆盖同等面积菌床，从挖取河泥到制好混合土，只用工 2～4 个，仅需 10 平方米晾晒场，而且可以随时混拌随时覆土，不受气候影响。据实践测算，每 100 平方米床，从覆土制作，经覆盖菌床和土层管理，直至头潮菇采收，采用河泥砻糠覆土法，一般要比常规粗、细土覆土法省去生产用工 50 个左右。

（2）简化工艺　常规粗、细土覆土法，一般要分 3 次覆土，土粒加工分级要上规格，覆土工艺要求高，土层调水难度大，技术不易掌握。采用河泥砻糠覆土法，覆盖材料起始状态好，不需过多加工，基本可以随拌随覆，蘑菇菌床 1 次覆盖完成，整个覆土过程工艺简化。同时，覆土以后不喷土层水，以保湿吊菌丝为主，土层发菌管理技术容易掌握。

（3）便于管理　常规粗、细土的泥源，一般要求取自土表层 15～30 厘米以下的土壤，在实际生产中，不少菇农往往图省力而忽视这一要求，常常取带菌、带虫的地表土覆盖而引发菌床病虫害。由于河泥本身病虫源含量较低，从而大大地减轻了菌床的病虫危害。河泥砻糠覆土兼顾了土层的透气性和持水力，土层中氮、磷、钾含量高，腐殖质丰富，结构粗细均匀。同时，充分利用了河泥中的自然含水，代替常规粗、细土覆盖菌床后的多次调水，如粗土水、细土水、结菇水和出菇水等，不仅节约了土层调水用工，更重要的是避免了调水不当造成水分对菌床菌丝的冲击和伤害，有利于土层菌丝的生长繁殖，从而增强了菌床的抗病力和结菇能力。通常，河泥砻糠覆盖的菌床，出菇早，死菇率低，畸形菇少，菇形圆正，菌柄短，密度高，产量也比常规粗、细土覆盖的菌床提高2～3成。

2. 河泥(塘泥)砻糠土制备 河泥(塘泥)要选择在无化工废水污染、无有害物质、腐殖质多、杂物少的河浜和湖塘及鱼塘中挖取，河泥(塘泥)倒在水泥地上摊晾，沥去多余水分，呈干粥样不流动状态，取一块河泥(塘泥)放在箩内不应有浮水出现，含水量在45%左右。河泥(塘泥)中杂物经剔除后，再与砻糠按比例混合拌匀。

砻糠要求干燥、无霉变，使用前最好暴晒1天，再放入pH值9～10的石灰清水中浸泡1～2天捞出(也可用喷洒石灰水的方法将砻糠调湿)，堆拢沥去水分后摊散，均匀喷入多菌灵或漂白粉等稀释消毒液，以及稀释敌敌畏等杀虫剂，然后重新做堆并用塑料薄膜覆盖12～14小时，杀菌除虫处理后待药味散尽，即可与河泥(塘泥)混拌。

河泥(塘泥)及砻糠混合比例(湿重：干重)一般控制在8～10：1。气生型菌株的菌床，砻糠用量稍高一些；贴生型菌株的菌床，砻糠用量稍低一些。通常100平方米菌床用河泥(塘泥)2 000千克，砻糠用量在250千克，石灰约30千克，混拌后体积约2.2立方米。泥多糠少土层僵实，不利于土层菌丝培养；泥少糠多，土层太疏松，菌床易出密菇、小菇。无砻糠原料的地区，可选择材料相仿的麦壳或棉籽壳等代替，也可用粉碎的花生壳或短麦秸(1～1.5厘米)等代替。河泥(塘泥)若黏性较大，在与砻糠混拌时，可加入适量的碳酸钙、草木灰等，并用石灰粉将河泥砻糠的pH值调至7.2～7.5。拌好的河泥(塘泥)砻糠再做成堆形,要达到不坍塌,以进一步沥去多余水分,隔一夜后即可覆盖。如果含水量不大,也可以随拌随覆。

河泥(塘泥)砻糠土覆盖菌床时的含水量较高,一般控制在25%～28%。所以,当菌床菌丝普遍发到堆肥下层,堆肥底面有2/3以上面积见菌丝穿透时,要先按15～20厘米的间隔在菌床料上打扦穿孔,要通风保持料面干燥,经搔菌整平后才可覆土,以增强菌床的透气性和抗湿性,提高料内菌丝的上土能力。覆土时气温在22℃～25℃为宜,若气温高于25℃,则要待气温正常后再覆盖。

覆土时要将河泥(塘泥)砻糠均匀地撒在堆肥表面,然后用手轻轻整平,土层厚薄要相对一致,表面要呈自然粗糙状,局部床面稍有露料,厚度2厘米左右。切忌覆盖后刮平抹光土层,防止泥浆堵塞土层透气缝隙,否则造成土层环境闷湿,不利于菌丝上土和钻土。

3. 覆土后管理 菌床覆盖河泥(塘泥)砻糠后,如果土层含水量不高,菇房以开背风窗透气为主,让土层自然开缝,吊菌丝上土。一般情况下需要大通风1天左右,当土层表面水收干、摸不黏手、抓有手印时,关闭门窗进行吊菌丝管理。此间每天仍要适当通风换气,保持菇房空气新鲜,空气相对湿度在80%左右。吊菌丝前,如果土表板结,应用小铁耙划松,或按6～8厘米的间隔用钉耙、钉板对土层戳洞,洞深达到料表为宜。小通风吊菌丝管理4天左右,当土层缝隙中有较多露头菌丝时,要及时补盖细土,细土绿豆或黄豆般大小,以含有一定水分的黏壤土为好,用量为每平方米9～13千克。一般不露菌丝不急于补土,补土次数可多一些,但每次补土量要少,补土时只要盖住露头菌丝即可。

补土后随着土层逐渐增厚和土层菌丝增殖量增多，要逐渐加大菇房通风量，使土层菌丝长得健壮有力。当菌丝生长充分并开始冒出细土缝时，要及时大通风，控制菌丝生长部位，迫使菌丝横向增粗，由菌丝营养生长阶段向子实体生殖生长阶段过渡。如果菌丝不易倒伏，冒菌不停，则要结合大通风，在床面和空气中连续轻喷雾状水 1～2 天，把空气相对湿度提高到 85%左右，局部冒菌丝处可增补细土压倒，强制菌丝倒伏，扭结出菇。

河泥（塘泥）砻糠覆土的菌床，土层结构疏松，含水量较充足，水分管理要切忌使用重水，否则表土层容易散解，既伤害菌丝，也影响菇体质量，通常第一潮菇不喷水或少喷水。喷水与否要根据土层湿度、结菇量和结菇时的天气情况来决定。如果土层湿度较大，结菇较少，天气又湿润，一般不喷出菇水；土层稍干，结菇较多，天气干燥时，则要喷出菇水，用水量每平方米为 0.9～1.35 升。喷水要轻，要喷雾状水；从第二潮菇开始，当每潮菇长到黄豆般大小时，都要及时喷出菇水，用水量第二潮菇为 1.8～2.7 升/平方米，第三潮菇为 1.8 升/平方米左右，分 2～3 次喷完。以后各潮菇喷水量随气温下降逐渐减少。出菇期间菇房要做好通风换气工作，菌床停水后幼菇长大时要减少通风量，当大批菇长到纽扣大小时逐步增加通风，转潮期间通风量要进一步加大，以利菌床养菌复壮和持续出菇。产菇期菌床除一潮菇喷一次出菇水外，土层一般不要直接用水，平时以勤喷维持水为主，空气相对湿度控制在90%～95%。为了增强土层自身的抗湿性，提高菌床的产菇寿命和菇体质量，土层发菌期除了要及时补盖细土外，产菇期也要经常做好补土工作。补土时要优先补盖露菌丝处、土层缝隙和土层下凹处。河泥砻糠覆土时，土层菌丝较少出现板结现象，菌床整理不必过多挑老根和打扦。越冬期间，保持土层干燥发白，既要适当通风换气，又要防止菌床受冻。入春后，当气温稳定在 8℃～10℃时，要适当撬动土层，除去老菌丝束后进行土层调水，一般用水 3.6 升/平方米，分 4～5 次完成。春菇管理与常规菇房管理相仿。

(二)细土砻糠土的覆土操作与调水方法

细土砻糠覆土是将细土和砻糠按一定比例和要求混合后，再覆盖于蘑菇菌床的一种覆土方法，此法尤其适合无河泥的产区。

1. 细土砻糠土特点 取土方便，工序少，制作简单，栽培管理容易，每 100 平方米栽培面积可比常规粗、细土覆土省工 40～50 个，与河泥砻糠覆土差不多。此法砻糠用量比河泥砻糠覆土减少近一半，可节约成本 30 元左右。细土砻糠结构疏松，土层菌丝繁殖量大，出菇后土中能及时补充水分，故出菇早、转潮快、产量高，可比常规粗、细覆土增产 20%左右，适用于栽培气生型菌株的菌床，且结菇部位容易控制，潮次齐，子实体生长快，菇形圆正、个大。

2. 细土砻糠土覆土技术要领

(1)细土的制作 覆土前 3～4 天，挖取距地表 15 厘米以下无草根、杂物的菜园土，敲碎后过 7 目筛子，过筛的土作为细土，未过筛的碎土留下黄豆大小的土粒作补土使用。细土与黄豆土不需晒干，经常规消毒杀虫处理后，堆在干净的场地备用。遇雨时，可临时用塑料薄膜遮盖一下，但不可久盖，以免闷湿而孳生杂菌。

(2)细土拌砻糠 细土与砻糠混合的重量比约为 24∶1，每 100 平方米栽培面积需细土 3 000 千克，砻糠 125 千克。砻糠要求新鲜、无霉变，制作前用 pH 值 10～12 的石灰水浸泡 24 小时、捞出后沥干。细土拌砻糖时，每立方米拌入甲醛 0.5 千克对水 5～10 升喷洒，再用 0.5%敌敌畏液喷洒均匀，接着用塑料薄膜覆盖，熏蒸杀菌杀虫处理 24～48 小时，第三天将砻糠与细土充分拌匀后即上床覆土。

(3)*覆土要点* 覆土时要求菌床菌丝大部分已发到堆肥底部，堆肥表层 1 厘米左右的菌丝在发菌后期通风吹干，然后整平料面，将细土砻糠均匀撒在床面上，用手或木片刮平，但不能拍实，否则土层不易调水或调水后发菌也较困难。覆土厚度 3.5 厘米左右，如果太薄，调水时水分易渗透到堆肥中，造成堆肥表面菌丝萎缩，同时土层菌丝繁殖量不足也会影响菇质和产量；如果太厚，土层水分不易调匀，透气性差，菌丝钻土难而影响出菇。

3. 细土砻糠土覆土调水方法 细土砻糠土覆土后，应采用轻喷的方法逐步调水。调水量应视土层厚度、干湿度以及空气湿度、菇房保湿性等因素灵活掌握，一般每平方米喷 4.5～5.4 升，分 2 天 7～8 次喷完，每次喷水 0.7 升左右。调水时要先轻后重，要选择早、晚气温较低时进行。土层调水适中的标准是手握细土砻糠成团，稍黏手，不板结。调水结束后，大通风 4～5 小时，然后紧闭门窗“吊菌丝”，通常调水后前 3 天，在早、晚适当进行小通气，每次通气半小时，如果调水后菇房温度高于 28℃，则要适当加大通风量。调水后 6 天，即土层菌丝快要发到近土层表面时，要及时覆上一层0.5～1 厘米的黄豆粒大小的土，厚度以刚盖满细土砻糠为适，1 平方米约需“黄豆土”13.5 千克。接着轻调水分，调至土粒捏得扁，调水量每平方米 0.45～0.9 升。随后逐渐增加通风量，以促进菌丝横向生长，不让菌丝上冒，又要防止菌丝过早扭结出菇。

"黄豆土"调水3～4天后，菌丝在细土砻糠中已长足，如气温在20℃以下，先在菌丝冒出的床面补一点细土，以盖没菌丝即可。接着喷用结菇水，调水量每平方米0.9升左右，分3次喷完，停水后早、晚加大通风量。1～2天后，菌丝在细土砻糠表面与"黄豆土"下扭结形成原基，当原基普遍长到黄豆般大小时，就可以喷洒出菇水，用水量视出菇量、土层含水量和空气湿度而定。一般每平方米3.6升左右。调水后的菇房通风和空气相对湿度的掌握与常规菇房管理相仿，产菇期菇房用水量，一般是出一潮菇喷一次出菇水。

（三）发酵土的覆土操作与调水方法

发酵土是根据国内目前的蘑菇栽培方式和乡村条件，人工调制的一种较为理想的覆土材料，现已推广应用于实际生产。

1. 发酵土的制作原理　土壤中适当添加一些有机质和其他一些物质，在一定温度作用下，经微生物活动，使其厌气发酵，从而改善土壤的理化性状，满足蘑菇生长对土层条件的需求。发酵土具有较好的持水力和透气性，制作简便、省力，比常规粗、细土覆土材料制作省工40%，增产15%～20%。

2. 发酵土制备　在自然条件下，把土和有机质等混合后进行厌气发酵，要选择7～8月份高温季节进行。取土可在小麦或油菜后茬的水稻田或是近水源的地方，要求土质疏松。栽培100平方米菇床所备覆土量，应取地块15平方米，挖深25～30厘米，翻起土块，拍碎敲细，再加入经粉碎的干牛（猪）粪125千克，麦壳或砻糠150千克，石灰10千克，过磷酸钙20千克，充分拌匀。然后浇水，水面要始终高出发酵土约5

厘米，直至发酵结束，以利于厌气发酵正常进行。潜水 2～3 天后就可以看到发酵气泡冒出。须说明的是：发酵土配制时有机质不可过多加入，以免覆土后菌丝生长过旺，造成菌丝徒长，不利于出菇。

翻土的目的是让混合土充分均匀发酵，翻土时不要把水放掉，要把上下层土混合互换位置，并进一步混拌均匀，结块的泥土必须捣碎。第一次翻土一般在混合土发酵的第七天进行；再过 7 天，进行第二次翻土，第二次翻土前要检查发酵土泥水中 pH 值是否达到 8，以便用石灰水调整。如发酵期间泥水中起泡很多，那么第二次翻土后，就不再翻土；如发酵时由于漏水、气温低或其他原因，泥水中发酵气泡很少，则需要进行第三次翻土，整个发酵过程需要 30 天左右，如果是沙性土壤，要增加发酵时间 3～5 天。

3. 发酵土晒干 土发酵好以后，就可以放水搁田，待发酵土表面开裂起缝，人能在上走动时，即可挖起发酵土。发酵土取出以后，晒至半干半湿就应敲碎，制成 1 厘米大小的土粒，过湿、过黏、过干、过硬都不利于土粒制作。制好的土粒要继续晒干；晒干后堆拢贮藏备用。

4. 发酵土覆土

(1)*覆土方法* 采用发酵土作覆盖材料，1 平方米菌床大约需要发酵土 3 000 千克。晒干贮藏的发酵土在使用前 5～7 天，必须进行消毒处理。覆土前要将菌床料面整齐整平，如果料表面比较干燥，需提前 3 天喷适量的 pH 值为 8 的石灰清水。覆土时，发酵土粒要均匀撒在菌床上，并用木片刮平，二次覆完，厚度为 3～3.5 厘米，不能太薄，否则出菇后劲不足。

(2)*土层调水* 发酵土吸水量大，土层调水要足，调水量 1.25 升/平方米左右。调水要慢，用 pH 值 7.5～8 的石灰清水(澄清水),每次每平方米喷水 0.9 升,调至土层充分湿透,但不板结,堆肥表层稍有渗水为宜。一般为 2 天内调完,调水后菇房通气 10～12 小时,再关紧门窗吊菌丝。

5. 发酵土管理要点 土层调水后,在菇房空气相对湿度(80%～85%)和菇房温度(20℃～22℃)相对稳定前提下,适当进行菇房通气,以利菌丝正常爬土生长。一般经 5～6 天,当土层缝隙中出现部分露头菌丝时,要及时覆盖一层带一定水分的如黄豆大小的细土,厚度约 0.5 厘米,并注意逐渐增加菇房通气量。发酵土中配有一定的有机质,菌丝生长有力,容易徒长,因此,要防止出菇部位过高,影响前期菇的产量。通常,覆细土后 3～4 天,当发酵土土层中菌丝已充分长足时,早、晚要打开门窗,增加菇房通气量,使菇房产生湿差,促使菌丝在发酵土表层和细土下变粗扭结。如果菇房温度在 18℃以下,就可以喷结菇水,如果温度在 18℃以上,则继续进行通气,直到温度适宜后再用结菇水。结菇水用量一般为每平方米 1.35～1.8 升,喷水要轻、要慢,在 2～3 天内调好。

当菌床上子实体大部分长至黄豆大小时,就可以喷出菇水。出菇水用量可视土层湿度和菌床上出菇多少等因素而定,一般每平方米喷水 2.25 升,2 天内分多次喷完。喷出菇水后 3～4 天即可采收第一潮菇。产菇期管理技术与常规粗、细土覆盖的菌床相仿。

(四)泥炭(草炭)土的覆土操作与调水方法

泥炭土是湿生植物(芦苇、苔藓、水草、柳等)残骸在不通气和大量水分存在的条件下,经不完全分解而形成的煤化程度最浅的煤,混有一定的泥质,褐黑色或黄褐色,又称草煤、草炭、泥煤。泥炭土是蘑菇栽培最理想的覆土材料,在国外特别是在欧美各国，蘑菇菌床几乎都采用泥炭土覆盖，有的国家甚至不惜高价进口泥炭土，以达到提高蘑菇产量之目的。

我国泥炭土资源分布不均，加上开发不够，因而尚未广泛应用。据江苏省张家港市微生物研究所对泥炭土的深入研究和多年使用的结果表明，泥炭土中的有机质含量高达39.31%，比常规土壤高出近19倍，其中以腐殖酸、木质素和纤维素含量居高，具有结构疏松、吸水性强、持水量大、通气性好的特性。以吸水量为例，泥炭土的吸水量是沙壤土吸水量的3～4倍。这种良好的物理性状，解决了普通覆土因保水性差而引起的缺水问题，满足了蘑菇生育过程中所需的大量水分，避免了经常喷水而造成的土层板结和透气不良。另据分析，泥炭土中的全氮和全磷含量分别是一般土壤的14.16倍和1.39倍，还含有硼、铝、铜、锌、钴、锰等微量元素，这些丰富的矿物质元素，有利于菇体内氮化物和碳化物的转化合成，并使菇体蛋白含量增加。实践证明，用泥炭土或用泥炭土与普通土混合做覆土材料，为蘑菇菌丝"上土"创造了极为有利的环境，表现为菌丝生长健壮有力，病虫害少，发育进程加快，出菇提前3～5天，且菇质好、后劲足，可稳定增产20%～30%，高的可达50%。

1. 泥炭(草炭)土制备 泥炭土按分布地势、地位、成形等不同，分低位、中位和高位泥炭，质量以低位泥炭(草炭)最好。开采出来的泥炭土要尽量保持原有湿度，不要晒干。使用时可按常规覆土规格，使湿泥炭块成1.5～2厘米大小作粗土，或将其捣碎成米粒至黄豆大小的作为细土；若是成板块状的草炭土，则应该用粉碎机粉碎后再用。粉碎制好的泥炭(草炭)土的粗、细土分别按其重量加入2%～3%的石灰，混匀后堆积保湿备用，含水量约为35%～40%。泥炭土除制成粗、细土粒规格分二次覆盖，也可制成细土粒规格一次性覆盖。

国外每平方米鲜菇产量在40～80千克的高产的蘑菇菌床，普遍采用的覆土材料是草炭土加碳酸钙和石灰，参考配方为：每1 000平方米菇床，粉碎的草炭土70立方米、碳酸钙1 600千克、石灰400千克，拌适宜的水分，或拌入低毒符合卫生标准的杀菌、杀虫的药液。

为了节约泥炭土资源，也可用泥炭土与普通壤土按1∶1～3的比例混合，制成混合覆土。方法是在干净的水泥地上先铺一层普通壤土，再加一层泥炭细土，并喷适量石灰清水。如此反复进行，制成堆形，隔3～4小时后用钉耙拌和均匀即成。须提示的是泥炭土酸性较大，要注意调整pH值，一般在制备混合土时，按重量比加入1.5%～2%的石灰粉，以调节pH值在7.2～8。湿度以手握成团，覆盖时能撒得开为宜，制好后保湿备用。混合土一般采用细土一次性覆盖，若采用粗、细土粒二次性覆盖，一般是将泥炭土制成粗土覆盖，再覆盖一层常规的细土粒。制备混合土时，常规土粒的含水量要偏低一些，且要加强消毒杀虫的预处理。覆土层采用二次覆盖时，厚度为3.5～4厘米；采用一次覆盖时，厚度为3～3.5厘米。覆土厚度取决于所用材料的保水性和通气性。

2. 泥炭土喷水管理 如果覆土较干，要充分喷水，使之达到覆土的下层，避免在堆肥之上存在干土层。否则会阻断蘑菇菌丝的生长，妨碍蘑菇菌丝长入覆土层。可是喷水太多，多余的水会通过覆土层渗漏到堆肥层，这样容易造成缺氧而使菌丝萎缩。

覆土层的湿度必须增加到恰当的水平，头2～3天需要逐渐喷水。经常喷少量水能减少土壤的板结，而1次喷水量过大会导致覆土结构破坏。

在覆土后的数日间，温度管理特别重要，须把室温保持在21℃～22℃，床温保持在24℃～25℃。覆土的厚度是3～4厘米，蘑菇菌丝以每天3～4毫米的生长速度长入覆土层，8～10天达到覆土表面。

在这一期间，覆土起着隔热材料的作用，菇床中产生的代谢热不会向外部逸散，床温可迅速上升3℃～7℃，床温一旦开始上升，把它降到适温是很困难的。将床温保持在25℃左右比较安全，如果床温长期高于28℃，则危害较大，蘑菇原基难以形成，还容易暴发褐霉病(葡萄孢霉)。如果升温剧烈，必须大通风，使床温尽快地降低下来。覆土后8～10天，通风量只要能保障菇床温度不升高即可，通风量以1吨堆肥1小时80～120立方米为宜。在此期间，覆土表面要喷水保持适当湿度，同时把室内的通路和墙壁喷湿或用加湿机保持相对湿度95%。喷水时每次喷少一些，多喷几次，不致于使土粒的团粒结构被破坏。

覆土后如果床温在28℃～30℃持续时间太长时，会造成菌床中间不出蘑菇，而大量产生床边菇。若覆土后未等菌丝上土就将室温降到18℃以下，会导致在覆土下层形成原基，造成“地雷菇”而使子实体品质下降及减产。

第七章　出菇管理标准化

一、出菇定位管理技术

出菇定位是指蘑菇菌丝在覆土层中扭结成子实体原基时距离表土层的位置，这个位置是受覆土层表土含水量的干湿程度而制约的。表土层含水量大，菌丝易爬出土面，出菇定位就浅，甚至出菇定位就在覆土表面；表土较干，菌丝只能串入表土层下适当部位而扭结，出菇定位就稍深；表土干，往往带动覆土层也偏干，菌丝几乎不能爬土，或爬土太少，出菇定位就深；表土含水量适宜，出菇定位就在距表土层下 1 厘米左右处，菇体就多而壮实。

在蘑菇的出菇管理工作中，如果对覆土层的水分管理不当，要么造成覆土偏湿，菌丝扭结出菇定位太浅，形成密密麻麻的幼菇，但十之八九幼菇都要死亡或薄皮开伞；要么覆土偏干，出菇定位深，菌丝扭结少，形成的子实体偏大，丛体菇、畸形菇较多。

恰当的蘑菇出菇定位是在表土层下 1 厘米左右处，此处扭结形成的子实体基本上都能形成蘑菇，而且蘑菇大小适中、肉头厚实、不易开伞、产量高。

二、温度管理技术

双孢蘑菇子实体形成适宜的温度是 12℃～18℃，在此温度下，蘑菇扭结个头多，发育迅速而且菇体紧实、品质好（从现蕾到采收只需 7～10 天）；在 18℃～22℃（个别品种可达 25℃）下也能正常扭结出菇，但菇体发育过快，营养供应常常跟不上生长发育的需要，造成薄皮、开伞菇较多，因而菇体品质差（从现蕾到采收仅需 3～7 天）；在 12℃～8℃（个别品种下限可达 5℃）下，菇体扭结较少，发育缓慢（从现蕾到采收往往需 15 天以上），但菇体紧实，大菇、厚菇多，菇体品质好；5℃以下和 23℃以上一般的双孢蘑菇品种都不能扭结出菇。

不论双孢蘑菇还是四孢蘑菇，都应该在出菇管理过程中，创造一个适宜的出菇温度，通过各种措施来调节菇房（床）的温度，以便获取优质、高产。

温度的调节，可以采取系列措施来进行。比如早秋季节和春菇阶段，外界气温高、温度变化大，要善于运用遮盖茅扇、遮阳网和对菇棚喷水的办法来降温，避免温度升高超过蘑菇出菇和发育的极限（25℃以上）；深秋季节和南方的冬季，外界气温低、温差变化大，要善于运用白天黑色薄膜升温、晚上和上午关闭菇棚等办法来尽量保持 10℃以上的较高温度。

三、水分管理技术

蘑菇鲜菇的含水量在 90%以上，说明蘑菇的重要营养物质之一是水；蘑菇出菇需要一种动力，那就是蒸腾作用，即通过菇体表面的水分适度蒸发，促进水分的流动，通过水分的流动，又将菌丝体内贮存的营养物质源源不断地从菌料下运送到覆土层和子实体上，这说明蘑菇出菇环境还需要一定的湿度，不能过湿（过湿，则蒸腾作用减弱），也不能过干（过干，蒸发快，将导致菇体萎蔫）。蘑菇出菇水分的来源，约 30%～

50%来源于覆土层,40%～60%来自于菌料层,还有少量可能来自于空间喷水。

因此,蘑菇出菇管理中,水分的管理十分重要,它决定着蘑菇能否稳产、高产、优产。许多菇农在水分管理过程中,要么不喷水,导致空气相对湿度低于85%甚至低于70%,使覆土偏干而发白,幼菇及大量小菇死亡或长时间不能扭结;要么喷水过多,空气相对湿度过大(超过95%),致使菇体水肿死亡或染上细菌性斑点病;有的甚至喷水过量,水从覆土层流入菌料中去,致使菌料中菌丝萎缩,发生“退菌”而长时间不能出菇的现象;有的菇农采用厢沟放水降温,但水位过高致使水分浸入菌料,造成菌丝死亡,也不能出菇。

“干养菌丝、湿出菇”,出菇期间的水分管理对蘑菇的产量、质量、效益密切相关,应高度重视蘑菇的水分管理工作。蘑菇出菇水分管理的关键是“勤喷少喷,少量多次,多喷空间水,切忌水漏床”。

(一)露地一次性发酵栽培蘑菇的水分管理

蘑菇的水分管理是一项细致而灵活的工作。切勿生搬硬套,需要结合当天的气候、土质、菌丝生长情况,覆土的厚薄等,同时因地制宜灵活掌握。水分调节不当,则往往菇少,质量差。水分过重,菌丝易遭受水害,造成萎缩或退菌,因此必须慎重处理。

出菇期间的土粒湿度,应经常观察和用手捏泥土,要求达到捏得碎散或捏得扁有裂口为宜,泥土含水量在18%左右。如偏干,等小菇多时利用早晚适当喷水;如偏湿,应停水,并在小菇少时,利用无风、无阳光时接开茅扇进行晾晒10分钟左右,坚持3天,一般要求菇少时不喷水或少喷水。

总之，水分管理是整个露地一次性发酵栽培蘑菇秋菇管理工作中最重要的一环，它直接影响到蘑菇的产量和质量。水分过少，不能满足菌丝体和子实体生长需要；水分过多，又往往会使菌丝早衰，甚至死亡。所以在蘑菇生产过程中应灵活适当地进行管水。

（二）标准化菇房或层架式二次发酵栽培蘑菇的水分管理

对于层架式栽培模式，由于菇床得不到像大田地床蘑菇那样的地床补水，因而要特别注意喷水等工作。蘑菇堆肥自进入菇房到出菇结束，菇房管理工作都是围绕水分管理这个中心环节来进行的。水分管理合理与否，直接影响到菌床发菌的好坏、出菇的早晚、产量的高低、菇质的优劣，同时也与菇房病虫害的发生情况有很大关系。

1. 喷“结菇水”　菌床覆土调水以后，当蘑菇菌丝在土层内已充分繁殖并长到一定部位时，需及时喷 1 次重水，以迅速增加土层的湿度，促使绒毛状菌丝倒伏变粗而形成菌索，进而扭结出菇，因而第一潮菇形成之前喷的“结菇水”又称为“菌丝低头水”或“出菇定位水”；2～3 潮菇形成之前喷的“结菇水”，又称为“转潮水”或“返潮水”。

“结菇水”是菌床由发菌期转为产菇期管理的关键性用水。喷“结菇水”须同时进行大通风，利用大量的水分和通风降温，诱导菌丝由营养生长转为生殖生长，促使菌床出菇。喷“结菇水”的要求如下。

（1）结菇水喷水时机　当菌床菌丝长到距表土层 1 厘米左右，打开门窗进行大通风，让土层表面干燥，抑制菌丝长出土表，迫使先头直立生长的菌丝低头倒伏、增粗，呈线状横向生长。菇房大通风 2 天后，可先覆盖一层细土，以保护原基，第二次细土覆盖后第二天即可喷水。

(2)结菇水喷水量 “结菇水”的量应视覆土材料的持水率、菌株耐水性能、菇房保湿条件及温度高低等具体条件而定。通常气生型菌株的菌床，每平方米用水量控制在2.25～2.7升；贴生型菌株的菌床每平方米用水量控制在3.15～3.6升。

(3)结菇水喷水方法 喷水方法可结合用水经验及菌株类型灵活掌握，一般气生型菌株的菌床宜采用轻喷的方法，但必须在1～2天内分几次集中喷完；贴生型菌株可采用重喷的方法，即喷水次数可减少，每次用水要大，1天内分4次喷完。

①“结菇水”用量要掌握偏大、偏重的原则 每次喷至细土层发亮，水分渗至粗土的上半部，要让粗土水分吸贮充足，同时将少量露头菌丝打退到粗、细土层之间。“结菇水”喷完后，粗土要捏得扁、无白心、无裂口，细土要捏得扁，搓得圆，贴生型菌株的菌床隔夜用水后，细土仍要达到亮晶晶的程度。

②喷“结菇水”时的气温 此时，气温一般较高，故宜在清早或夜间进行，喷水时的室温最好在18℃～20℃。若室温高于22℃，应避开高温再喷水，否则易造成菌丝萎缩，引发菌床病害。

③喷“结菇水”时的通风 要加强通风，喷完后仍需通风1～2天，待土层表面水分适度散发，再逐渐减少通风，这样可防止土表“冒菌”。若温度适宜，菇房昼夜都要通风；若温度偏高，白天关门窗，夜间大通风。尽量满足原基发生时所需要的温度、湿度、空气(简称温、湿、气)条件。

2. 喷“出菇水” 菌床喷用“结菇水”以后，当原基普遍形成，并大部分发育成黄豆般大小的菌蕾时，需及时喷1次重水，进一步补充土层湿度，满足迅速生长的菌蕾对水分的需求，使子实体正常出土，以达到高产优质的目的。

(1)喷出菇水的时机　“出菇水”宜选择原基普遍发生，且大部分原基已长至黄豆般大小的菌蕾时进行，大致在喷“结菇水”3～5 天之后。喷水过早，原基易受水害而损伤，并造成死菇；喷水过迟，迅速发育的菌蕾得不到充足的水分和营养，出土不正常，长速慢，影响菇质和产量。一般贴生型菌株的菌床，要比气生型菌株的菌床提早 1～2 天喷水，即大部分菌蕾长至绿豆大小时即可喷水。

(2)出菇喷水用量　出菇后土层内线状菌丝增多，抗水性较出菇前强，加上菌床上菇多耗水量大，水分蒸腾作用在土表、菇表同时进行，因此，“出菇水”的用量要大、要重。通常气生型菌株的菌床，每平方米用水量要控制在 2.7 升以上。贴生型菌株的菌床，每平方米用水量控制在 3.6 升以上。喷水方法与喷“结菇水”相同，1～2 天分次喷完。

(3)出菇水喷水方法

①“出菇水”用量　一般要大、要重，特别是一潮菇只喷 1 次“出菇水”不再喷“转潮水”的菌床。“出菇水”用量要根据菌床出菇量、土层含水量、菌床菌丝的生长势强弱、菇房保湿条件、气候变化等因素来定。“出菇水”不足，容易产生空根白心菇、薄皮菇、平顶菇、凹顶菇。

②“出菇水”喷后的标准　秋菇前期，即 1～3 潮菇发生时，粗土要捏得扁、无白心、不开裂。细土搓得圆、不粘手，喷水要达到粗土上半部。贴生型菌株的菌床隔夜用水后，土表层仍要达到亮晶晶的程度。3 潮菇以后，要随着菌床菌丝的长势减弱、气温降低、出菇量减少，逐渐减少用水量，喷水只要到达粗土层表面即可。细土要搓得圆、略有裂口，以利于菌床边养菌边出菇，且喷水要讲究技巧和质量。“出菇水”用量的

正常趋势是，秋菇阶段由高到低，春菇阶段由低到高。

③喷“出菇水”的温度　宜在18℃以下喷用，喷用时要加强通风，喷完后仍需通风几小时，让附着在菇盖表面的游离水散发掉，然后减小通风量，控制菇房的湿度、温度和供氧，促进菇体发育。

(4)出菇水喷水要领　喷水是一项实践性很强的菇房管理技术，喷水技术仅靠理论知识来指导往往是不够的，有时甚至适得其反，事与愿违。喷水技术取决于实践经验，而实践经验只有在菇房管理的长期实践中才能掌握。

蘑菇喷水要掌握好“十看十忌”，是我国菇农在蘑菇栽培中经长期实践，总结出来的喷水技术，对指导菇房水分管理有重要意义。

蘑菇喷水“十看”是：

一看菌株喷水：贴生型菌株耐湿性强，出菇密，需水量大，同等条件下，喷水量比气生型菌株多。

二看气候喷水：晴朗干燥天气，菇房喷水量要多；阴雨潮湿天气，要停水或少喷水。

三看温度喷水：气温适宜时应当多喷水；气温偏高或偏低时，要少喷水、不喷水或择时喷水。

四看条件喷水：如菇棚漏气严重，保湿性能差，要多喷水，少通风；反之，喷水量要适当减少，通风量增多。

五看覆土喷水：覆土材料偏干，黏性小、沙性重、持水性差，喷水次数和喷水量都要增多；覆土材料偏湿，持水性好，或采用草炭土或河泥砻糠覆土时，应采用轻喷勤喷的方法，且喷水量要小。

六看覆土厚薄喷水：覆土层较厚，用水可间歇重喷；覆土层较薄，应分次轻喷水。

七看菌丝喷水：覆土层和堆肥中的菌丝生长旺盛，要多喷水，其中结菇水、出菇水或转潮水要重喷；反之，菌丝生长细弱无力，要少喷、轻喷或喷维持水。

八看菇体喷水：出菇高峰期，床面菇多而大，吸水量大，水分蒸发快、消耗多，喷出菇水、转潮水和维持水时要相应增加用量；如果床面菇少而小或进入产菇后期，喷水量则要相应减少，必要时见菇喷水。

九看菌床位置喷水：床架下层和靠近门窗处的菌床，由于通风条件好，水分散失快，应多喷水；床架上层和菇房四角靠边的菌床，通风条件较差，水分散失慢，应少喷水。

十看堆肥喷水：经过近几年生产比较，发现以玉米秸为主料的堆肥含水量较大且透气性差，因而喷水量要相应少些。否则容易造成菌丝萎缩而出现“黑床”。

蘑菇喷水“十忌”为：

一忌喷关门水：喷水时和喷水后，不可马上关闭菇房门窗，避免菌床菌丝缺氧窒息衰退，防止菇体表面游离水滞留时间过长产生斑点。

二忌喷水不匀：防止土层菌丝出现包衣，避免菌床出菇参差不齐，或出薄皮菇、小菇。

三忌高温时喷水：发菌期气温在25℃以上，产菇期气温在20℃以上，菌床不宜喷水。避免菇房高温、高湿，造成菌床、菌丝萎缩，死菇增多和诱发病害。但床面菇体长至1厘米以上时，不一概停水，若需喷水也应选择早晚或夜间进行。

四忌采菇前喷水：采菇的菌床至少提前2小时喷水通风后，方能进行采收。防止湿菇体采收时与手接触，变红或产生色斑。

五忌寒流时喷水：避免菌床降温过快，菇房温差过大，造成死菇或产生硬开伞。

六忌喷农药水：防止菌床产生药害，避免因反渗透作用而使菌丝细胞出现脱水萎缩，造成菇体大量死亡或发红变色。更为重要的是须防止农药残毒对食用者的危害。

七忌阴雨天喷水：避免菇房处于高湿状态，控制菌床病害发生，防止菇体发育不良。

八忌菌丝弱喷水：防止菌床产生退菌而黑床。

九忌泼浇重水：避免土层起浆泛黏，造成土粒瘫散而板结，防止水多“漏床”造成退菌，以延长菌床产菇期。

十忌喷用污染水：当今的消费市场，对食品无污染及“绿色”的要求日益强烈，而且已经施行有关标准与市场准入制度。因而，出菇期间不能喷用被化学物质及微生物污染的水，也不能喷施农药和各种植物生长调节剂。

四、通风管理技术

出菇期间，适宜的空气相对湿度(85%～95%)、充足新鲜的空气以及覆土泥适当的含水量，是蘑菇优质高产的前提。这三者均跟通风有关，通风适宜，则空气湿度、空气新鲜度及覆土层含水量都适宜；通风过大，则空气干燥、覆土层失水过多，将会严重影响产量和质量；而通风不良，空气往往过湿(空气相对湿度超过95%)、空气氧气不足、覆土层湿度过大，也会严重影响产量和质量(特别是床架式栽培更易造成此类毛病)。

正确的通风方法和恰当的通风量，是通风管理的关键。通风方法、通风时间和通风量都会影响覆土泥的干湿程度，从而使菇体生长受到影响。

一般来说，露地大棚地床蘑菇，用不着大通风，仅少量通风，空气中的氧气就足够了，而有些菇农却大通风，造成覆土泥发白、蘑菇原基长时间形不成，或已经形成的幼菇变黄死亡。

高棚层架式蘑菇，由于菇床一般较密，如果通风又跟不上，氧气不足，加上太潮湿易致使棚内出菇稀少。

五、出菇的综合管理技术

（一）蘑菇出菇形成过程的机制

蘑菇出菇形成过程：菌床覆土后土中许多菌丝经过一段时间集合成较粗的菌索；土表旺盛生长的气生菌丝倒伏，扭结成菌丝团；菌丝团发育膨大成原基，在解剖镜下可看出菇体各部分的分化组织；从原基长到大豆粒大小的幼菇，约需 4～5 天时间，此时菇体各器官的分化很明显，如内部已形成了菌褶；豆粒大的幼菇发育成不开伞的商品菇需要 4～5 天；如菇体不采收，就会继续长大开伞，露出水红色的菌褶，散布无数孢子之后，菇体逐渐衰败而结束一生。

蘑菇出菇形成过程中离不开温、湿、气的协同作用，要想优质高产，必须进行恰当的出菇管理。

（二）层架式蘑菇出菇的基本管理方法（秋菇管理）

我国地域广阔，适宜种植蘑菇的地区众多，而各地气候条件差异很大，因此全国各地采用的蘑菇种植技术模式差异也很大。尽管种植模式差异大，但蘑菇的生长特性是一致的，因而基本的出菇管理方法原理也是一致的，本书阐述的不同出菇管理方法，对任何一种栽培模式都是有帮助的。

在蘑菇季节性生产中，秋季是蘑菇收获的旺季，一般秋菇占蘑菇总产量的 70%左右，因而不少菇农常常收完秋菇便结束栽培管理，很少再向菌床投入管理费用，这说明秋菇收成在蘑菇栽培收益中占的比重较大。由于秋菇给菇农的回报丰厚，秋菇管理也备受蘑菇栽培者的重视。秋菇的管理工作内容很多，如温度、湿度的控制，通风换气的调节，病虫害的综合防活，蘑菇的适时采收，菌床的整理等，其中以温、湿、气三要素的合理调节为管理重点。下面主要阐述床架式蘑菇出菇管理方法，地床式出菇管理方法可参照进行。

1. 温、湿、气协调 温、湿、气之间关系密切，互为影响，彼此制约。菇房如要降温散热，就离不开通风换气，这样便影响菇房保湿；菇房若要保温增湿，就必须减少通风换气，这样便不利于新鲜空气的引进。三者关系发生矛盾时，通常要优先考虑通风换气，特别是菇房处于高温、高湿环境时，更显得重要。其理由是：通风换气量偏大，尽管对菇体和菌床会造成一定的不利影响，但比高温、高湿给菇体和菌床带来的危害要小得多，前者造成的损失常常是局限性的和暂时的，而后者带来的恶果则可能是灾难性的，而且难以逆转。温、湿、气之间矛盾统一协调处理的要求是在保证菇房空气新鲜、温度适宜的同时，要尽量调好菌床水分和空气湿度；在菇房温度、湿度调控正常的情况下，菇房要维持一定的通气量，从而为秋菇的生长发育创造良好的环境条件。

(1)温度 秋菇阶段，自然温度呈逐渐下降趋势，总体上对菇体的生长发育非常有利。但是，短期气温回升的变化经常发生，再加上蘑菇呼吸代谢不断产生的热量，都会使菇房温度处于非稳定状态之中。因此，秋菇前期抓好高温回升时的降温措施，秋菇后期加强寒潮来临时的保温、增温措施，是秋季菇房温度管理的关键。

秋菇前期，如果遇到22℃以上的高温回升天气时，菇房朝阳一侧可设置遮阳棚，以降低阳光对菇房产生的辐射热，并要多开门窗，加强通风降温，菌床应停止喷水，不让菌丝扭结出菇。如果白天中午气温过高，要暂时关闭门窗，阻止热空气进入菇房；如果菌床正在长菇，则应同时加大通风量和喷水量，及早采收并停止喷水。在通风降温过程中，菇房地面、墙壁可适当喷水，利用水分蒸发带走菇房部分热量。

待高温天气过后，立即清理菌床，清除死菇及枯黄菌丝束，然后适当补土，经通风、喷水(或喷营养液)和吊菌丝管理，使菌床菌丝恢复正常生理状态，继续出菇。

秋菇后期，随着寒潮来临气温迅速下降，此时菇房必须加强保温防寒措施，避免温差过大，造成菇体“硬开伞”和死菇现象。具体管理措施是：菇房朝北一侧可设置挡风屏障，朝北通风窗要挂上防寒草帘，以抵御寒风冷气袭击；菇房门窗平时要少开，绝不要在夜间或清晨低温时换气；朝南一侧可设置塑料薄膜棚，用于吸收日光增温，使外界新鲜空气经棚内“缓冲预热”后再进入菇房，这对稳定菇房温度有很好效果。有条件的菇房可利用多种热源，或充分利用加温设备，尽量使菇房温度控制在子实体生育的适温范围之内，可延长秋菇的产菇期，提高秋菇的收获量。

浙江省平湖市原来的蘑菇播种期为 8 月底到 9 月 20 日间，为解决蘑菇集中上市价格低的问题，提高种菇效益，将蘑菇栽培的播种期延长到 9 月初至 10 月中旬，拉开了蘑菇的出菇高峰。但是播种较晚的菇棚，大量出菇时为 11 月下旬，气温已偏低(8℃以下)，需要增加温度才能正常出菇，采取的有效办法是双膜覆盖出冬菇，即在大棚膜的外面再覆盖一层薄膜，将 3 幅宽 8 米的多功能薄膜烫接成 24 米宽(约投资 400 元)，将 333 平方米栽培面积的大棚整个罩严，这样能使菇棚内的温度上升 5℃～10℃而能在冬季出菇。

(2)水分　秋菇阶段，菌床出菇量大，菇体发育快，水分消耗多，需水量大。特别是产菇前期，菇床耗水达到高峰。此时水分的来源主要依靠覆土层含水量和湿润空气，堆肥内的水分只要能够保证溶于水中的营养物质可以被菌丝体吸收即可。所以，秋菇的水分管理主要是抓好土层喷水和调好空气湿度。

秋菇土层喷水关键是抓好结菇用水和出菇用水，其次调节好土层维持水。土层喷水技术性、实践性很强，不能只凭理论数据盲目一刀切，要结合菇房的保湿性、菌株的耐水性、菌丝的生长势、菌床的出菇量、土层的持水力和天气的多变性等因素综合判断后，才能正确掌握喷水原则和喷水技术。根据秋菇生育的特点，水分管理还要把好以下环节。

第一，菇房温度达 20℃以上时，要考虑暂停喷水。即使需要喷水，也应在夜间和清晨进行；菇房温度在 20℃以下 16℃以上时，喷水应安排在上午 9 时以前或下午 3 时以后；菇房温度在 16℃以下 10℃以上时，喷水应选择在下午；菇房温度在 10℃以下时，应在中午前后喷水。

第二，土层喷水要讲究方法，要有节奏，要干湿交替，既要看菇喷水，又要停水养菌，菌床不可长时间处于高湿状态，总用水量要控制前期多后期少。

第三，应选择床面无菇和转潮期间，喷洒石灰澄清液和肥水，以补足菌床养分，提高菌床酸碱度。

喷水经验丰富者，可在秋菇 1～3 潮时采用间歇重喷法，分别在 1～2 天内喷完结菇重水和出菇重水，每潮菇总喷水量控制在每平方米菌床 7.2～4.5 升。秋菇后期，当气温下降，出菇减少，潮次不清时，喷水再改用轻喷勤喷法。每天喷水量不多，每次喷水量变化不大，但需天天多次喷水。此法不易伤菌丝、伤菇，栽培者比较容易掌握，但菌床出菇潮次不明显，产量也略低。采用此法时，喷水量要随菌床出菇量的多少而变化，通常1平方米菌床日喷水量，秋菇前期控制在0.9～0.75升，秋菇中后期逐渐降至0.5～0.25升，每天喷水1～2次，保持细土层松软、湿润即可。菇房温度过高或偏低，床面无菇时或阴雨天气时，同样要注意停止喷水或减少用水。

调好秋菇阶段菇房的空气湿度，既可减少菌床水分的过量蒸发，又可满足菇体发育时自潮湿的空气中吸收一定量的水分，从而有助于菇体内外层细胞的同步生长，这是提高秋菇产量和质量的重要管理环节。秋菇生长阶段，如果空气湿度过低，会加快菌床水分的散失，造成子实体生长变慢，单菇重量减轻，菇体色泽发暗且无光泽，若是贴生型菌株，还会产生菌盖凹陷和起鳞片的现象；如果空气相对湿度过高(长时间处于95%以上)，菌床会处于闷湿状态，不仅会影响菌丝的生活力，还会导致红根菇、锈斑菇的产生，并容易诱发病虫害。

菇房空气相对湿度的高低，主要是通过喷洒空气维持水和通风换气来调整。秋菇前期，菌床出菇量大，水分消耗快，空气相对湿度要相应提高，特别是菌床长菇旺盛时，空气相对湿度更要保证。具体做法是，每天都要向菇房空间喷空气维持水2～3次，必要时在菇房走道上、墙壁上也要适量洒水，空气相对湿度要控制在90%左右。

菇房空气相对湿度较高时，要特别注意菇房温度的变化，一旦出现高温情况，要立即通风降温，如果床面有菇，则应同时加大通风和提高湿度，并及早采收后停水降湿；如果床面无菇或有少量菇，通风后温度又持续不降，就必须坚决停水，保持较干的空气环境，以抑制菇体发生，绝不能让菇房同时处于高温、高湿状态。待气温稳定下降后，再视菇体发生情况重新调好空气相对湿度。菌床无菇时，空气相对湿度宜控制在85%左右，空气维持水一般不喷或少喷，以利于菌床养菌和菇体转潮。

(3)通风　秋菇阶段，菇棚通风管理的目的，一是利用菇房内外的温差和湿差变化，控制好菇体生育时所需要的温度、湿度；二是不断引进新鲜空气，满足菇体发育和菌丝生长对氧气的需求，同时排出其呼吸代谢时产生的二氧化碳，以及堆肥分解后出现的硫化氢、氨气等有害废气。

出菇以后，有经验的菇农一进菇棚，往往可凭嗅觉判断出空气是否新鲜，氧气是否充足；另一方面还可以从蘑菇的生长情况和外观形态变化来确定菇棚通风管理是否正常。在通风少供氧差的菇棚内，菇体往往发育不良，出现畸形，严重时不仅菇体不能发生，菌丝也会呈早衰萎缩状态，同时病害发生早、发生严重。在通风过量的菇棚内，菇体常常外观发黄，或起鳞片，或出现硬开伞，有时会产生菇蕾大批死亡的现象。其原因是菇棚内温差变化急剧，湿差波动太大，通风管理有余，温度、湿度管理不足。由此可见，菇棚通风少了不行，通风过多也有弊，必须兼顾菇体生育时对温度、湿度的需求，才能达到正确合理。

根据秋季的天气变化和蘑菇的生育特点，秋菇的通风管理应掌握好两个原则：一是秋菇前期气温高，菇体生长速度快，新陈代谢旺盛，菇棚内二氧化碳多，通风管理以不提高菇棚温度和尽量不降低菇棚空气湿度为原则，重点解决菇棚换气；二是秋菇后期气温降低，出菇减少，菇棚内的二氧化碳和呼吸热相应降低，通风管理应注意提高室温。具体管理方法是：秋菇前期，应选择能起对流作用的通风窗，保持经常性半开启状态，以利于菇棚始终处于缓缓换气之中，然后再根据菌床出菇情况和天气变化，适时增减通风口的数量，并采用改变通风口的大小，来调节菇棚通风量。

当菇棚温度在 20℃以上时，背风口应日夜常开，通风应多放在夜间和雨天进行；无风的天气，南北风口可以全部打开；如果风力大（4 级以上），进风时间每次控制在 10 分钟左右。白天棚外温度高于棚内，迎风口要关；棚内外温度相同，风力大，迎风窗要关，微风或风力小（3 级以下），可开对流风口；西南风时一律关风口，当菇棚温度在 20℃以下 16℃左右时，背风口应日夜常开。夜间无风时应把所有风口打开，棚内外温度相同时，只要风力小于 3 级，除中午前后稍将迎风口关闭 3～4 小时外，都常开对流风口。

秋菇后期，当气温降至 14℃以下 10℃左右时，通风应放在中午前后，白天只要棚内外温度相同，风力不大，通风时间可适当长一些，尽量引进棚外的热空气，以提高菇棚温度。此时，要多开朝南通风口，产菇前期用作持续通风的风口，要随着气温下降逐渐关闭部分直至全部，特别是夜间温度较低时更要注意，以利于菇棚保温，防止昼夜温差过大。

须指出，菇棚通风管理时除了要兼顾温度、湿度这两个主要因素外，还应结合下列因素控制好通风时间，调节好通风量。如出菇较密的菌株，通风可多一些；菇棚保湿性强，通气较差的，通风也应多一些；阴雨天，通风时间可长一些；堆肥偏熟，铺料较厚的菌床，或打扦、撬料后处于养菌的菌床，通风时间也应长一些。反之，则应少一些短一些。

2. 转潮的管理　每潮菇成熟采收后，至下一潮菇再次发生的相隔时间，叫做转潮，也称返潮。优良菌种转潮快，能缩短栽培周期，减轻病虫危害，降低生产成本，提高栽培收益。

但是转潮快常使蘑菇在短期内旺产，给采收、运输、加工带来一定的压力。

转潮期间的菌床整理是贯穿产菇期间的一项不容忽视的管理工作。其主要作用是促进菌床出菇均衡，缩短菌床转潮周期，减轻菌床病虫危害，延长菌床产菇寿命。

(1)转潮间期　蘑菇的转潮速度，依菌株不同而有差异，通常贴生型菌株转潮快。影响转潮速度的主要因素是产菇温度，其次是菌床、菌丝生长状况。在产菇温度范围内，如温度偏高，则转潮快，温度偏低，转潮则慢。在产菇前期(1～3潮菇)，当菇房温度在14℃～16℃的情况下，经常是一潮菇尚未采完，下一潮小菇蕾已经开始扭结，转潮时间为5～7天。当产菇进入3～4潮以后，或菇房温度低于10℃时，转潮时间达10天左右或更长。

产菇期间，当蘑菇被不断采去的同时，一方面在土层中留下了许多发黄、干瘪的老根，另一方面因菇脚带走了一些土粒，使菌床又留下了一个个凹穴。蘑菇生得越多越密，土层中老根的数量越大，床面也愈是凹凸不平。特别是产菇初期，容易产生成丛的“团菇”，其菇根特大，采收时有时成团拔起，使床面留下很大的洞穴，甚至连堆肥都能暴露出来。这些老根若不及时挑除，会影响周围新生菌丝的生长和下一潮菇的扭结，自身也会生霉腐烂并诱发病虫危害。床面凹穴处如不补土填平，喷水时容易积水，甚至产生漏床现象，进而影响菌床的产菇能力。此外，产菇期管理措施不当，菌床上常常出现死菇、伤残菇、病菇、虫菇等，这类子实体应即时摘弃，否则会加剧病虫的危害。

(2)菌床整理　菌床整理一般是在当天采菇以后喷水之前进行，若床面出菇量大，2～3天内菇体不断，挑根补土工作可放在一潮菇结束后再进行。挑根是用小刀或镊子把板结的过旺菌丝崩断,或把衰老萎缩的老菌丝挑除。采菇或挑根后,若凹穴较小较浅,可随时把周围的土粒拨挪少许填平;凹穴较大较深时,则要另用湿润的粗土或细土补平,补干土会延迟出菇时间,造成出菇不匀而难于管理。产菇期间只要床面有死菇、病菇等发生,都要及时摘净,污染严重的土粒也要及早铲除,重新换土。经整理后的菌床要达到未出菇时一样平坦。

菌床整理工作,要随着产菇时间的增长而逐步加强。产菇前期土层菌丝生命力旺盛,再生能力强,采菇后通常不要挑老根,只需挑断板结的过旺菌丝和挖掉“团菇”的残留菇根即可。产菇进入中期后,老化的菇根(粗菌丝束)增多,要充分利用转潮间隙仔细挑除,以促进菌丝再生、结菇;产菇后期,堆肥表面和覆土层中布满了又粗又硬的根状菌索,其再生能力很弱或无,必须彻底清理,否则菌床上的子实体就会大幅度减少。

(3)转潮期养菌　蘑菇子实体是其菌丝组成的,菌床菌丝是蘑菇结实的生命之源。菌床出菇是有周期性的,每潮菇的发生时间和数量都是菌丝生长活力和积累能量的体现。产菇初期,菌丝生长势强,积累能量多,转化速度快,出菇数量大且转潮间隔短,往往前潮菇尚未采尽,后潮菇便开始涌现。随着菌丝生长势减弱和蓄积能量的消耗,菌床出菇量逐渐下降,菇体变稀变小,并出现暂停出菇的情况,这是蘑菇菌丝正常的生理性的休养生息反应,也是蘑菇菌丝能量不断蓄积和转化的必经过程。因此,产菇期菌床必须根据蘑菇的生长特点,按照边养菌边促菇的方法进行管理,尽量创造菌床养菌的机会,就能延长菌床的产菇寿命,进而达到优质高产。

(三)越冬及冬菇管理技术

蘑菇为偏低温型菇类,出菇适温范围较窄,气温过低,子实体便不能正常发生。在长江流域及其以北的绝大部分产区,由于冬季寒冷,如果不具备理想的增温、保温条件,通常自12月至翌年3月份,菌床便进入无菇的越冬管理阶段。在闽南及两广一带蘑菇产区,冬季无严寒,仍能结实,由于气温较低,蘑菇生长缓慢,加上前期菇的大量采收,菌床的养分消耗大,因此进入了冬菇管理阶段。由于全国各地气候条件的差异,菌床进入越冬期或冬菇管理期的具体时间应分别掌握。

通常秋菇采收2~3潮后,气温已逐渐降低,菌床出菇量开始减少,菌床的水分蒸发量和蘑菇的耗水量也随之下降。此时,土层的湿度和菌床的喷水量也要相应降低,以保持菌床有良好的透气性能,保护好菌丝的生活力。当气温低于10℃,且不再回升时,菌床要很少喷水,让菇体自然发生。当气温降至5℃左右,菌床上不再生菇时,即可进入越冬管理阶段。

1. 越冬菌床状态和处理 秋菇结束后,逐床检查了解菌丝的生长现状,是菌床越冬管理的重要依据。越冬时的菌床,因受秋菇出菇数量和管理水平的影响,其菌丝的生长势不同,生产上常将其分为3种类型,菌床整理时应分别掌握,其做法是:

(1)一类菌床 此类菌床的菌丝生长势仍很旺盛,色泽洁白,无板结现象,没有明显病虫危害,菇房内可闻到蘑菇特有的香味。

此类菌床宜采用“小动”处理,方法是先在土层表面均匀撒上石灰粉,每100平方米菌床用量15千克左右,接着用短钉齿耙松动细土层，粗土不动，但需对床面进行1次撬土和撬料，再将土层内老菌丝、死菇等挑除干净，然后整平床面，补好细土，按湿过冬或干过冬进行管理。

(2)二类菌床　此类菌床的菌丝比一类菌床生长稍差，比三类菌床好得多，处于中等类型。通常土层菌丝较为板结，料面菌丝有发黄现象，但萎缩不严重，整个菌床有局部或轻度的病虫危害状。

此类菌床宜采用"中动"处理，方法是先把细土刮到一边，再用竹签或齿叉斜插入土层至料内撬动粗土，接着拣净枯黄菌丝、老菇根以及老化无再生能力的干瘪菌索，随即拍平粗土，覆上细土，并均匀撒上石灰粉，每100平方米用量约20千克，然后再补上新的细土，按湿过冬或干过冬方式管理。此类菌床在拍平粗土后，还可在粗土上撒少量新配制的堆肥，并从料层底部挖出一些菌丝洁白的堆肥作为菌种，播在新料上，再将细土覆回，接着按湿过冬方式管理，对床面喷1次追肥水或石灰澄清液，喷水后3～5天，要补盖1层细土。

(3)三类菌床　此类菌床的土层菌丝细弱，暗淡无力，土层与料层之间菌丝萎缩，局部出现"夹心"或者变黑，菌床有明显的病虫危害状。

此类菌床处理较为困难，经验不足者，冬季最好不要松土，床面可按常规越冬管理要求进行，如打扦、戳洞、通风、保温等，待翌年春菇出菇前，再将土层轻轻松动一下即可。有管理经验的菇农，应采用"大动"处理，才有希望多收春菇。方法是先把覆土层取下，接着剔净发黑的隔层料，剥除霉变的污染料，再把处理过的菌床翻个身，即底料朝上，原面料向下，然后用原覆土层将菌床重新覆盖好，并按湿过冬的方式进行管理，第一次喷水后7天左右，补盖1层新细土。

越冬菇房除抓好上述管理措施外，还要做好菇房的卫生工作，地面要保持清洁，并定期撤换石灰粉，墙壁可用石灰浆粉刷1次，每隔15天喷1次杀虫药液，以控制病虫的越冬数量。

2. 越冬管理措施 越冬期间菌床停止出菇，床面的用水量减少到最低。菇房的水分管理可分为湿过冬和干过冬，也叫湿管和干管。

所谓干过冬，就是在越冬期间，菌床整理之后基本上不喷水，覆土层保持偏干状态，直到翌春气温回升后，再采用喷重水的方法重新调湿。

所谓湿过冬，则是在越冬期间，每隔7～10天，对菌床喷水1次，每平方米用水量0.25～0.5升，保持细土层不发白，捏得扁，搓得碎，呈半干半湿状态，含水量在15%左右，以使菌丝缓慢生长，逐步复壮。

菌床属于一二类型的，可以干过冬或湿过冬，而三类菌床，则要选择湿过冬。此外，栽培气生型菌株的菌床，以及采用河泥砻糠等合成土覆盖的菌床，都应选用湿过冬的方式。

菇房越冬管理的主要技术指标是恢复和保持菌床、菌丝的生活力，为出好春菇打下良好的基础。蘑菇越冬管理实质上是借助低温停菇阶段，为菌丝的休养生息创造一个适宜的环境条件。因此，秋菇结束后，只要菌床还具备产菇管理价值，都应进入越冬管理状态。如果冬季不管，土层会过分干燥，菌丝会干缩衰老，开春后不仅调水特别困难，而且菌丝也不易恢复生机，再好的菌床也难获得春菇的高产。菇房越冬管理应根据菌床、菌丝的生长情况区别对待，重点要抓好菌床整理以及打扦、通风、保温、保湿、追肥、松土、除老根等技术措施。

(1)打扦戳洞　菌床越冬时,应首先对菌床普遍进行1次反打扦措施,以改善菌床的透气性能,排去菌床内的不良气体和有害于蘑菇菌丝的代谢产物,及早使菌床、菌丝得到养息、复壮的机会。打扦的要求是:用竹签或削尖细木棍或尖头钢钎自菌床底面向上戳洞,洞距12～15厘米,戳至土层松动为宜。打扦时床面要垫上薄膜,防止上层堆肥落入下层菌床上。

(2)喷水追肥　冬季气候干燥,菌床水分仍在缓慢蒸发,为了防止菌床过干而影响菌丝正常的代谢活动,菇房一般宜采取湿过冬方式。采用干过冬的菇房,越冬期间也应注意菌床含水量的检查,并注意保湿,必要时要适当喷水,以保持菌床菌丝越冬休眠时对水分的最低需求。冬季菇房喷水最好配合追肥,一般不喷清水。若菌丝长势正常,则以喷猪、牛、人尿稀释液为好,也可喷施堆肥浸出液。喷水应在晴天的中午进行,寒潮期间或室温在0℃以下时不要喷水,防止菌丝遭受冻害。此外,越冬期间还应喷1～2次2%石灰澄清液,调整好土层的酸碱度。

若菌丝生长势弱,尤其是产菇3潮以后,蘑菇菌丝生长由盛转衰,表现为出菇量减少,菇形变小,薄皮菇增多,此时合理、适量追施一定浓度的营养液,不会造成菌丝徒长,反而能复壮菌丝,提高菌床的结菇能力。蘑菇菌丝既然可以从土层中吸收水分,那么也能吸收溶于水的营养物质,所以应该配制营养液追肥。

常用的追肥营养液有以下几种。

①堆肥浸出液　把晒干发酵过的堆肥切碎,放在锅中煮熬,取其过滤的液汁,按堆肥干重对入10倍清水,并加入1%的碳酸钙,调pH值为7.5～8,作为营养液经常喷施,可延长菌床的产菇寿命。

②菇根煮液　将采菇后现切下来的菇脚，加水煮15分钟，再加清水10倍喷洒覆土层。该液含有大量的氨基酸，可促进幼菇生长，既安全又有效。

③豆浆水　用1千克黄豆磨成豆浆，再用清水40～50升对成豆浆水，可喷洒400平方米的菇床。豆浆水可2～3天喷施1次。

④稀释尿液　取新鲜尿水，煮开至泡沫消失，对入清水10倍，每2～3天喷施1次，1次喷0.45～0.9升，喷后及时用清水再喷1遍。

⑤尿素水　用尿素50克，清水25～50升，配成0.1%～0.2%的尿素稀释液，每2～3天喷施1次，能促进中后期子实体肥厚。切忌加大浓度，否则会造成菌丝细胞质液的反渗透作用，对蘑菇生长不利。

⑥酵母粉液　用纯酵母粉配制，浓度为0.03%～0.05%。酵母液每2～3天喷1次，每200平方米喷施20～25升，气温18℃以下使用。喷后及时用清水再喷1遍。可促进结实，缩短转期间隔。此外也可喷施1%葡萄糖水。

⑦草木灰水　取5%的草木灰滤液喷洒蘑菇，能促进菇壮，防止蘑菇发红。

⑧食盐水　用0.5%～1%食盐水，在出菇高峰期喷洒。能促进菇体洁白健壮。

⑨石灰粪水　用干猪、牛粪与1%的石灰液拌湿，堆制10天后，再加入与粪料重量相等的肥土和少量草木灰拌匀，在蘑菇出现死菇或产量下降时喷施，可促进恢复生机，增加产量。

(3)保温与通风　冬季气温低，菌丝生活力明显减弱，为保持菌丝缓慢生长，菇房必须加强保温工作。如排气筒要堵塞，南北通气门窗要挂上防寒草帘，朝北气窗可适当封闭。在注意保温的同时，菇房仍应进行通风换气并保持空气新鲜，一般每天中午开南面窗通风2小时，天暖无风天气，也可在中午开南北对窗通风1小时左右，这样既可换气又能增温。如果气温较低，则要缩短通风时间；如果气温过低，则要停止通风。越冬期间菇房温度最好保持在4℃以上，以菌床不发生冰冻现象为最低标准，

（4）菌床整理　菌床整理一般安排在春节前完成，它包括松土、除老根、剔废料、补土等多项工作。菌床整理前需停水1周，并加大通风，让细土水分收干，这样松土翻动时不易碰碎。菌床整理时要求全面、仔细、彻底，要逐床进行且当日完成。菌床整理后要结合喷水、追肥、通风等措施，补盖1层新细土，1平方米用细土6～7千克，以保护再生菌丝的生长。

3. 冬菇管理　入冬后气温已明显下降，土层中束状菌丝增多，潮次不明显，出菇量也随之减少，因此用水量也相应减少。喷水时间由早晚喷水改为午后喷水。以出菇水要停、保质水要稳、维持水要勤为原则。每次采收后应及时补土，保持床面的平整，及时清除菇脚、死菇、老根。

对气候较温和、霜期短、甚至无霜的地方，还能正常出菇，故应采用土层湿润越冬，按秋季后期水分管理方法进行越冬。气候较寒冷、霜期较长的地方，宜采用土层偏干管理方法越冬，即每平方米每隔5～7天喷500～1 000毫升水，以土层略发白，细土能捏碎为度，保护土层菌丝处于半休眠状态，以免菌丝受寒流袭击而冻伤。

（四）春菇管理技术

3月上中旬，气温逐步回升，当菇棚温度稳定在5℃以上时，就可进行春菇管理。如果春寒持续较长，初夏高温则相对

来得早，适宜出菇的天数减少，春菇产量就会降低。因此，应根据当地历年气象资料结合当年天气预报，谨慎地选择好春菇管理的时间。

1. 春菇温度控制 春菇的管理工作较秋菇为难，其难点主要是春季气温变化幅度较大，而且温度变化趋势由低向高，与蘑菇的生长规律相反。比如在长江流域一带，3 月上中旬温度低时可达 0℃，高时达到 20℃ 以上，4 月份有时出现 25℃～30℃的高温天气。因此，春菇管理上，在前期要抓好预防低温的措施，如调水不可过早，床面切不能过湿，要防止春寒对菇房的袭击，通风换气要安排在中午气温高的时间进行。越冬菇房配置的增温防寒设施，在早春气温尚未稳定时，不要过早拆除，以利于菇房保温、增温。4 月中旬以后如出现 25℃～30℃高温，白天要少通风或不通风，夜间多通风；此外，可给菇棚或菇房增用草帘，或在地面泼浇冷水，尽量降低菇房温度，以防高温死菇，为春菇赢得较多的出菇时间。

2. 春菇水分调节 北方的春季干燥而多风，而且菌床经漫长的冬季而失水较多，因此调水是否合适是春菇丰歉的关键。

春菇期间气温由低到高，出菇由少到多，用水量也要随之逐渐增加。春菇菌丝的活力差于秋菇菌丝，因而春菇菌床调水不可过早，否则遇低温而损害新生菌丝；但调水时间也不能过晚，否则出菇推迟而影响产量。初始调水的早晚、大小与菌床的越冬状况密切相关，技术要求为：①对于干过冬的菌丝健旺菌床，调水可提早到 3 月初并采用喷重水的方法，南方省份在 2 月中旬前后，气温 8℃时进行。可用 5%的石灰水喷浇菌床，要求水渗漏到床底，用水量 5～9 升/平方米，然后保温、保湿发菌 15 天左右。待床面有新生绒毛菌丝后，再喷 1 次催蕾促菇水，5～7 天后即可见新生菇。②对于湿过冬的菌丝细弱菌床，调水要晚一些，而且不可采用重水喷浇的方法，须轻喷、勤喷、缓增土层水分，待气温稳定且菌丝萌发后，再增加用水量，促进菌床出菇。

我国北方蘑菇产区春菇调水的原则是：3 月稳、4 月准、5 月狠。3 月份调水要稳，是指棚内气温达到 8℃时调水较适，喷水要轻而匀，防止菌丝受低温和重水影响而萎缩死亡。一般隔日喷水 1 次，喷水量约 2 升/平方米，保持土层湿软，空气相对湿度 80%～85%。4 月份调水要准，是指及时喷用催蕾水而控制菌丝旺长过度。当菌床上大量生成幼菇并发育到花生米大小后，一般每天喷水 1 次，喷水量约 3 升/平方米，要求覆土湿润但不黏手，空气相对湿度 90%～95%。5 月份，随时可能有高温天气，适合蘑菇结实的时间已经有限，所以要调足菌床水分，促使菌丝尽量扭结出菇，因而喷水量要大，用水要狠，土层湿度比秋菇旺产期还要大些。春菇中后期，菌床可结合喷施 0.5%～1%的食盐水，不但能使菇体增重增白，而且能刺激菌丝扭结出菇。

3. 翻床措施 翻床是将菌床堆肥颠翻过来，使下层堆肥翻到上面，然后再覆土出菇的方法。有关试验表明，蘑菇菌丝可以从 80 厘米或更深的深处的堆肥中吸取养分，并输送到表层供子实体利用。按国内菌床料层的厚度，不存在菌丝吸取不到下层养分的问题，因而后期翻床拌料并不能增加营养而提高产量。但在某些特殊情况下，不得不翻床拌料。

(1)*菌床倾倒坍塌* 遇此情况，可将堆肥移至新菇床重铺，经 7～10 天菌丝即恢复生长，而且菌丝健旺，这与新菌床透气大或机械刺激菌丝有关，覆土后可正常出菇。

(2)*菌床内有隔层* 如堆肥过于黏湿厚重，或喷水过量，菌丝因缺氧窒息而萎缩，造成“黑层”或下层堆肥不能充分利用。这种情况就需要翻床拌料，重新覆土出菇。

（五）露地大田蘑菇出菇管理要点

大田蘑菇是四川、云南、贵州、广西等冬季气候温和地区采用的蘑菇栽培模式，此模式下的出菇管理与前述出菇管理方法的基本原理与方法是一样的，只是，大田地床蘑菇由于棚架建造和地床厢面的构造与层架式蘑菇有所不同。因此，其出菇管理方法还有其特点，现将出菇管理技术要点分述如下。

1. 黑色薄膜大棚（茅扇人字大棚）出菇管理方法 “温、湿、气”的调控是大棚蘑菇出菇管理工作必须高度重视的问题，具体来讲，涉及到覆土泥的干湿度、空气相对湿度、厢面温度和通风等问题。

（1）温度调控　10月份和11月上中旬，气温在18℃以上时，常常出现连续晴天，黑色薄膜大棚内温度上升很快。如果出菇厢面温度超过18℃极易造成蘑菇生长加快而薄皮、开伞。因此，应注意排除过高温度影响，采用在大棚两端棚口顶部设置高30厘米、长1米左右的通气孔。具体办法为：将棚口两端的塑料薄膜从棚顶下用刀划开，将黑膜揭开上贴，露出30厘米×100厘米的散热口，再将大棚底部的薄膜适当露缝，这样，太阳辐射形成的较高棚温就可以通过散热口以热风的形式散发出来，而从底部补充了正常气温的空气，使厢面出菇温度不致过高。

11月中旬后至翌年2月底3月初，在外界气温低于12℃时，应关闭棚口的散热口，将黑膜放下重新用胶带粘好，减少外界冷空气的进入，尽量保持厢面温度在10℃以上。

3月份气温逐渐回升，当气温达到15℃以上时，应该将散热口逐渐开启，当气温达到18℃时，应该将散热口完全打开；3月底至4月中旬，连续晴天后，气温常常在20℃以上，此时，应在黑膜大棚外打桩，加盖遮阳网，并在蘑菇棚内走道（沟）上浇冷水，使沟内浇水至厢面下约2厘米，这样，可大大降低厢面温度，使厢面温度长时间保持在20℃以下，有利于春菇生长。

4月中下旬后，气温进一步升高，应结合厢沟浇水和加盖遮阳网，再在晴天对遮阳网及大棚顶部，用抽水机或自来水对准喷水，可大大降低棚内温度，使出菇厢面温度尽力保持在22℃以下较长时间，这样可多收1～2潮菇，从而提高蘑菇春菇产量。

(2)湿度调控　湿度调控的重点是覆土泥的干湿度和空气相对湿度，可从覆土泥的外观形态和蘑菇菇体色泽形态以及空气干湿温度计等来观测，通过喷水、通风来加以调控。

正确的大棚地床蘑菇出菇期水分管理应注意“三看”。

①一看天气　晴天天气干燥，空气相对湿度不到80％时，应喷雾状水；阴雨天或空气相对湿度已达85％时，不宜喷水；喷水应该掌握尽量喷空间和棚子及走道，对菇和厢面只能喷雾状水，并且水只能打湿覆土泥表层而不能渗透到菌丝生长的料面去。否则，水流到哪里，哪里的菌丝就将萎缩死去。

②二看菇色　当菇体泛黄、起鳞片时，应及时喷雾状水；当菇体发育正常时不喷水；幼菇在黄豆颗粒以上大时才能喷雾状水，过小喷水易死菇。

③三看覆土泥　表层覆土泥必须随时保持湿润且呈捏得扁、有裂口的性状，如若泥土发白起盐碱状，说明泥土水分缺乏，应立即喷雾状水调湿，同时以后要减少通风量，喷水的同时应加大通风，切忌喷“关门水”；如覆土泥湿度已够，不能喷

水，还应加大通风量。

（3）通风管理　大棚地床蘑菇的通风管理主要是配合湿度和温度调控来进行，对于蘑菇本身生长所需的氧气，只要大棚不过大（宽超过6米，长超过25米），棚底未完全密封（有缝隙），棚口有一定通气缝隙，那么，棚内的氧气就能满足地床蘑菇的生长发育。每天在检查厢面情况和喷水、采菇时都要打开棚口透气，就已经足够空气换气的需要了，用不着再专门通风。

2.茅扇黑膜小拱棚的出菇管理方法　与大棚地床蘑菇出菇管理方法有很多相似之处，主要是温度调控和通风管理。而湿度调控由于小拱棚空间小，易保湿，故水分管理不是小拱棚的难点。

（1）温度调控　10月份至11月下旬和3月上中旬后，外界气温高于15℃，小拱棚由于棚矮，极易受太阳辐射热影响，哪怕只是多云天气，棚温都可能上升很多而超过20℃，影响蘑菇正常出菇。因此，在气温超过15℃的季节，小拱棚出菇管理的重点就是降温，防止产生18℃以上的棚温影响蘑菇的正常发育。茅扇黑膜小拱棚采取降温的办法是：将蘑菇厢面插上竹片等材料形成小拱，将黑色薄膜盖在小拱上，再在薄膜外面（或称之为上面）覆盖两片茅扇，两片茅扇将整个黑色薄膜盖完，这样就形成了一个防止太阳晒的隔热保温棚。茅扇在薄膜外，阻挡了阳光的辐射，使棚内温度保持在早晚的低温状态（温度低于18℃），有利于蘑菇的生长发育。

12月份至翌年3月上旬（或2月底），是一年中最寒冷的季节，外界气温低于15℃，有时气温甚至低于5℃，在这一阶段，不论层架式菇房还是大棚菇房，相对来说，蘑菇出得少了，特别是12月底至翌年2月初，其他模式的蘑菇种植，相继都不怎么出菇而进入了越冬管理阶段。然而，采用茅扇黑膜小拱棚栽培模式种植的蘑菇却照样出产，仅仅是进入了冬菇管理阶段，体现出小拱棚种植模式的比较优势。

当外界气温低于15℃，特别是每天早晚低于10℃时，应该充分利用黑色薄膜吸收太阳辐射热的能力，使棚内温度升高到蘑菇的最佳发育温度12℃～18℃。具体办法是：将前段气温高时盖在茅扇下面的黑色薄膜换出来，让茅扇先盖在竹片小拱上，再在两片茅扇的外面(或称之为上面)用黑色薄膜覆盖。这样，太阳可照射在小拱棚的黑色薄膜上，黑色薄膜吸收太阳的辐射热而传递下去升高棚温。通过茅扇调节，白天不至于形成过高温度，而夜晚由于茅扇的保温作用，又形成了比棚外气温高5℃～10℃的较高棚温，这样就形成了一个巧妙利用太阳热能的保温出菇期，整个冬天几乎就不存在不出菇的越冬管理阶段了，而是一直出菇，使蘑菇的生物转化率得到提高，创造了高产、稳产的基础。

(2)通风及水分管理　茅扇黑膜小拱棚的遮荫保湿能力强，相对来说，厢面湿度大，通风稍显不足。因此，在气温高于15℃的季节，每天结合早上采菇加以通风，下午根据厢面覆土泥干湿情况适当喷水，保持表层覆土泥的“捏得扁、有裂口”状态，而中午则关闭菇棚不通风，以免外界干热空气进入棚内；在气温低于15℃的季节，每天早上采菇时顺便加以通风，如需要补水、追肥、治虫，则在中午或午后气温较高时进行，一方面进行了补水、追肥、治虫等工作，另一方面又通了风，满足了厢内蘑菇生长对氧气的需要。

(六)有色蘑菇出菇管理方法

棕色蘑菇、奶色蘑菇，以及蘑菇的近缘种中有颜色的菇类如姬松茸，它们与普通双孢蘑菇相比，最大的特色在于菇体(主要是菌盖)有颜色、有鳞片，或菇体肉厚、盖大，或菇形较蘑菇不同而有特色。

有色蘑菇在出菇期间必须给以较明亮的光线，才能形成该品种特有的颜色。比如雅菇(褐鳞口蘑，也称棕色蘑菇)，在出菇期间，必须有较明亮的光线，在黑色薄膜大棚上必须适当开口将开口部位换成透明薄膜能采光后，其褐色才能正常形成。有色蘑菇如果生长在光线较暗的环境，则不利于其"有色"这一商品性状的形成。

有色蘑菇如棕色蘑菇等，一般子实体个体较大，而且优质的商品菇更要求盖大、肉厚、柄粗短，菇体盖大肉厚其商品价值比小菇高得多。比如，棕色蘑菇肉厚、盖大、菇体紧实的大菇(菇盖直径 8～20 厘米)，盖越大，商品价值越高，国外普遍欢迎菌盖直径在 12 厘米特别是 15 厘米的大菇(其商品名称为:Portabella)，其单价鲜菇每 0.45 千克 8 美元以上，折合人民币约 120 元/千克。要想获得盖大、肉厚、柄粗短的优质商品菇，必须在铺料时铺厚料，使料厚在 25～30 厘米或以上，并且覆厚土，土厚 4～6 厘米，表土比蘑菇表土层稍干一些。棕色蘑菇另一重要特点是菇盖有一定鳞片，因此还应加大通风，使空气相对湿度保持在 85%左右。

褐鳞蘑菇(即棕色品系的蘑菇)栽培管理的技术要领为：①配方含氮量偏高些，含氮量 1.8%以上，碳氮比约 30∶1。②铺料厚 30 厘米以上。③覆土厚 4～6 厘米。④有光出菇。⑤适当加大通风，使空气相对湿度在 85%左右。⑥喷水偏少，使表土层覆土泥呈湿润状、未起盐碱不发白，基本捏得扁。

第八章　采收与加工的标准化

一、采收标准

当蘑菇菌盖直径在 1.5～2 厘米，就可采收。一般地，鲜菇采收的基本要求是：蘑菇菌盖圆正、直径 2～5 厘米，菌柄切口平整、长度 1 厘米以内，菇体不开伞、无薄菇、无泥根、无畸形、无斑点、无病虫害、无机械伤、无杂质、无污染等为级内菇，具体分级标准见附录四。

在蘑菇的采收工作中，许多菇农认为“采小菇产量低不合算，采大菇产量高才划算”。对菇农的这一认识，有两方面的情况值得注意：一是认为采小菇产量低，而采大菇产量高；二是小菇、大菇的价格差异问题。

对于蘑菇市场来说，适宜制整菇罐头的鲜菇都为“小菇”，即菌盖直径 3 厘米以内的菇体圆正、紧实的蘑菇；而菌盖 3～5 厘米的中小菇多数用来加工成精片菇罐头；菌盖直径 5 厘米左右的中大菇多半用于鲜销；菌盖直径 8 厘米以上的超大菇鲜销较为困难，一般作切片烘干用或作蘑菇碎菇罐头所用。

在有规模化蘑菇加工厂的地区种植蘑菇，菇农采摘蘑菇应根据加工厂的分级质量标准来采摘大小适宜的蘑菇，一般来说，工厂会优质优价收购蘑菇，所以宜采摘菌盖直径 2～3 厘米的小菇；在没有加工厂的地区种蘑菇，应根据市场的需要来进行蘑菇大小的采摘，宜采 3～5 厘米的中小菇（此种菇体紧实，便于长途运输和具有较适宜的货架期）；用于鲜销的蘑菇，宜采 4～5 厘米的中大菇；特殊用途的菇类，比如褐鳞蘑菇，一般应采 5～8 厘米大小的菇体或根据市场和客户的需要来采摘适当大小的菇体。

二、鲜菇收购、运输与包装标准

（一）蘑菇鲜菇采摘与收购

1. 鲜菇采摘 蘑菇采摘要适时采收，在 12℃以上每天都要采收，在 18℃以上每天可能要采收 2 次，在 5℃～12℃时可能 2～3 天或更长时间采收 1 次。采收应根据收获的目的来进行，不论菇盖直径的大小，总体要求是菇体厚实、不薄皮开伞（棕色褐鳞蘑菇有时例外，而专门采摘盖大肉厚的薄皮开伞菇）。采收时，将蘑菇旋转采下，避免菌柄受损，尽量不要带出覆土和菌丝；采收前 1 小时内禁止对菇喷水，以防采收时手指沾上泥水引起在蘑菇上留下指印、从而污染蘑菇，若遇菇房较潮湿的菇床，采菇时要随时准备湿毛巾，每采几朵蘑菇，要擦一下手指；采收后，要及时切削带土菇柄，以防菇根泥脚污染其他蘑菇。

2. 蘑菇原料的收购 不论是收购他人种植的鲜菇，还是自己场地出产的鲜菇，都应严格进行蘑菇的分级和检验等质量把关工作，严格按收购标准进行（具体标准见附录四等），尤其是要注意蘑菇不能混有农药、化学药剂、煤油、颜料及其他污染物，不能混有铁丝、铁钉、玻璃、竹签、草料等杂质。如果发现有上述污染物及杂质，坚决不收；对已收的应坚决不用，并要处罚有关当事人。

（二）蘑菇的运输、包装

1. 加工原料的运输与包装 不论是收购的鲜菇原料，还是自己场地出产的鲜菇，都应该及时送到加工处理点进行杀青或预冷，因此必须考虑运输距离和包装方式。

（1）运输距离 在气温 18℃以下，以蘑菇采摘切柄后 5 小时以内送到处理点进行处理为宜，如果在 5 小时以内不能送到处理点进行处理的话，就会形成大量的薄皮、开伞菇，因此必须就近设立加工点进行处理。

（2）包装方法 以尽量减少蘑菇破损和能适度通气为原则，防止蘑菇产生机械损伤和产热而影响品质。包装箱宜采用塑料周转筐，或铺垫有打洞塑料薄膜的竹（柳条）筐。

2. 鲜销蘑菇产品的运输与包装 鲜销的蘑菇产品，应该选用菌盖包裹菌柄紧实，一般菌盖直径在 3～5 厘米或根据市场需要的更大的蘑菇，原料收到处理点后，要尽快置于 2℃～5℃冷藏条件下预冷，预冷温度不能低于 2℃，预冷后尽快包装，长途运输可选用泡沫箱子加塑料瓶冷冻冰块来分装蘑菇，短途运输可用普通箱子包装。

不论用哪种包装材料，鲜销蘑菇产品的运输与包装均应要求：能保低温、尽量密闭、不伤蘑菇、无二次污染、价格适宜。

三、加工蘑菇的主要技术标准

（一）蘑菇加工生产应注意的相关事项

第一，蘑菇原料必须确保新鲜。在 18℃以下的气温，从采收到加工应该在 5 小时以内进行为宜。

第二，注意防止漂洗带来的二次污染。漂洗时，尽量不用漂白剂，而用0.03%柠檬酸液来护色，如果使用焦亚硫酸钠，一定要将焦亚硫酸钠等含硫药剂冲洗干净。

第三，杀青、加工用具应使用不锈钢材料，以免菇体发黑。

第四，整个加工场地应清洁卫生、安全规范。

第五，加工用水、用盐及一切原辅材料必须符合国家标准。

第六，包装材料必须采用食品用包装材料，严禁使用工业用包装材料。

第七，生产加工厂应有防火、防盗、防破坏、防投毒的器具、材料和设施。

第八，必须有层层质量监控体系。应参照 GMP 和 HACCP 标准体系来严格管理，具有良好的加工作业规范。

(二)蘑菇腌制技术

1.腌制原理 蘑菇在生长和采收过程中，菇体表面存在各种微生物。收获后的鲜菇，若保存不妥或加工不及时，就会发生腐败变质，其主要原因是由于微生物的生长繁殖所致。若能杀死这些微生物，则菇体可免遭腐烂。腌制是杀死微生物的一种好办法，因为一切生物都在一定渗透压条件下生存，只有在合适的渗透压条件下才能正常生长繁殖，超过其能承受的渗透压范围，生物将会死亡。腌制技术就是根据此原理发展起来的。

蘑菇腌制的盐液浓度一般在饱和浓度左右，因此，具有很高的渗透压。许多微生物在此高渗腌渍盐液中是不能存活的，微生物细胞内的水分会渗出胞外，产生质壁分离，细胞蛋白质会凝固，新陈代谢停止、生命消失、细胞死亡。因此，腌制的食用菌可较长时间保存。

2. 腌制方法 蘑菇腌制的工艺流程，一般有以下几个环节。

(1)选料 腌制的蘑菇，要求含水量尽可能少些，因此，采菇前不宜喷水。选用菇形圆整，没有缺损，大小均匀，无虫、无杂质，色泽正常的子实体。

(2)漂洗 选作加工的子实体，应先漂洗，洗去泥沙杂质。被漂洗的蘑菇，一般采收后已经过数小时间隔，但子实体细胞仍有生命活动能力，新陈代谢活动仍然在进行，各种酶的活性依然存在，特别是多酚氧化酶的活动，会使子实体变色，如白色蘑菇变成红棕色、褐色。为了抑制多酚氧化酶的活动，在漂洗时，常在漂洗的水中加入0.03%浓度的柠檬酸或0.02%浓度的焦亚硫酸钠或适量的明矾，这些添加物都能起到漂白和抑制酶活动的作用。

(3)护色 指保护蘑菇色泽的操作。子实体的色泽直接关系到产品的外观质量，保护好菇体的色泽是十分重要的工序。菇体漂洗除杂后，其体内的酶活性依然存在，必须经过护色处理，抑制菇体内酶的活性。方法是将经漂洗的菇体放在0.05%浓度的焦亚硫酸钠内浸泡10分钟，或在0.15%焦亚硫酸钠液中浸5分钟，或在0.15%焦亚硫酸钠和0.1%柠檬酸抑制液中处理5分钟。然后取出子实体，用清水冲洗，以除去过多的二氧化硫。国家规定二氧化硫残留量不得超过50毫克/千克。

(4)预煮 指的是正式加工前的预先煮制，是彻底杀死菇体细胞和破坏菇体内氧化酶活性的过程，也叫杀青或烫漂。护色处理过的蘑菇，时间一长仍然会变色，因菇体内的氧化酶只是受到抑制，并非彻底消失。护色处理只能作短时间的保护，只有通过杀青才能彻底破坏酶的活性，使细胞脱水，蛋白质凝固，有利于腌制。煮制时不能用铁锅，一般用不锈钢锅或铝锅，因子实体中含有带硫的氨基酸，它与铁会发生化学反应，产生硫化铁，使子实体变黑。

预煮液通常采用0.1%柠檬酸溶液或10%盐水，菇与煮制液重量比为1∶2.5。在95℃～100℃温度下煮10分钟左右，具体时间根据菇体大小和火力大小而定，大火煮制时间一般7～8分钟。以煮熟煮透为度，不宜过熟，也不能不熟，应掌握熟而不烂为宜。有两种办法可判定菇体生熟状况：一种是漂浮法，取预煮菇投入冷水中，若漂浮在液面上表明尚未全熟；另一种是解剖法，将预煮菇沿中心线剖开，观察菇心的颜色，若菇心呈白色，表明尚未煮熟，若菇体内外均呈黄色或淡黄色，表明已经煮熟。

(5)冷却　系指预煮蘑菇后的降温处理。在腌制过程中，由于温度高易造成子实体发黑和腐烂，降低腌制菇产品质量。因此，预煮的子实体要及时冷却，就是将煮烫的菇体捞出后立即放入流动冷水中冷却，要求降到室温为止，一般需半小时左右可冷透。

(6)腌制　这是腌制加工过程中的实质环节，不同腌制方法和不同腌制液，可腌制出不同的产品、不同的口味。下面介绍盐水腌制(盐渍)方法。

先将食盐溶入水中，配成15%～16%浓度的盐液，用8层纱布过滤，除去杂质。然后将冷却到室温的蘑菇从冷却水中捞出，沥去水分，投入盐液中。此时盐液即向蘑菇体内渗透，菇体内水向外渗出。腌制时温度高则渗透加快，但菇体色泽易发黑，因此，腌制时的温度宜掌握在18℃以下为好。腌制3～4天后，腌制液浓度降低，可向腌制液中撒盐，将浓度调至23%左右，也可将初腌的菇捞出来，转放入23%～25%浓度的腌制液中。

在腌制期间，要经常检查盐液浓度。若盐液浓度下降到20%以下时，要立即加盐，也可用饱和盐水置换部分稀盐液。当盐液浓度稳定在18～20波尔度时，腌制步骤即告完成。

盐水腌制亦可在初腌时直接一层盐一层菇地摆放，腌5～6天后，再倒缸注入22波尔度盐水，保持盐水浓度稳定在20波美度。

(三)蘑菇保鲜技术

随着人们生活水平的提高，对鲜菇的消费数量愈来愈大。多数人喜欢食用鲜菇，因为这类菇营养丰富，保留着原有的组成成分、原有的风味，销售价格也就看好。虽然销售干制菇效益也好，但利润不如销售鲜菇。因此，提高鲜菇保鲜技术，已成为当前研究和开发的一项内容，受到人们的重视。

1.影响食用菌鲜度的主要因素 鲜食用菌在贮存期间，会发生各种变化，降低食用菌质量。质量是由许多因素构成的，这些因素总称为鲜菇的质谱。不同食用菌有不同的质谱要求。但总的说来，质谱主要包括下列几个因素：失水率、开伞度、异味、出水状况、色变程度、质地硬度等。影响这些质谱因子的因素有以下几方面。

(1)温度 鲜菇的保鲜性能，与其生理代谢活动强度有密切关系。在一定温度范围内，温度越高，鲜菇的生理代谢活动越强，物质消耗越多，保鲜效果越差，所以温度是影响食用菌保鲜的一个重要因素。

(2)水分与水质 子实体中的含水量，直接影响着子实体的失水速度、新陈代谢强度、酶活性与子实体色变程度等。水分含量应尽量减少,这有利于保鲜。水质也是影响保鲜效果的一个重要指标。水质能影响鲜菇的颜色,如果水中含铁超过2毫克/千克,就将导致蘑菇变褐,时间越长,褐色越深,质量下降越明显。

(3)湿度　鲜菇贮存保鲜效果,与空气湿度有密切关系,不同菇类贮存过程中,对空气湿度的要求是不一样的。蘑菇贮存保鲜过程中,适宜的空气相对湿度为95%~100%,如果低于90%,蘑菇就易开伞和变褐,降低保鲜效果。

(4)气体成分　氧气能促进鲜菇的呼吸代谢活动,二氧化碳能抑制鲜菇的生理活动。因此,空气中二氧化碳和氧的含量,对鲜菇保鲜效果有着明显影响。二氧化碳在5%时可抑制食用菌开伞,但不能抑制菌柄伸长。

(5)微生物　鲜菇贮存过程中,菇表的各种微生物在生长繁殖时,常引起鲜菇腐败变质。因此,真菌、细菌、酵母等微生物也是影响保鲜效果的一个重要因素。

(6)酸碱度(pH值)　一方面会影响鲜菇体内的酶活性,另一方面也影响微生物的活动。多酚氧化酶是促进鲜菇变褐的一个重要原因。其酶活性最强时,是在pH值4~5时;pH值小于2.5和pH值大于10时,多酚氧化酶即失去活性,鲜菇不易变褐。鲜菇的pH值大多接近中性在6.5左右,而大多数微生物活动的pH值在6~6.5,所以盐水蘑菇保鲜要加柠檬酸,将pH值调到3~3.5。

2. 蘑菇保鲜措施

保鲜是在不破坏鲜菇正常生理功能的前提下,根据环境因素对鲜菇的影响及鲜菇本身生理生化过程的特性,采取相应的措施,使鲜菇的生理代谢活动降低到适宜程度,而不是完全停止其代谢活动。食用菌保鲜方法,就是采用各种措施控制影响保鲜的因子，使鲜菇达到最佳的新鲜状态。

(1)低温保鲜法　低温可以抑制酶的活性，降低生理代谢活动，减少呼吸强度，抑制各种微生物活动。在适宜低温条件下贮存，可得到较好的保鲜效果。

蘑菇等大多数食用菌鲜菇，适宜贮存温度为2℃～5℃；而草菇在5℃～10℃时则出水软化，降低保鲜效果，其贮存时的适宜温度为15℃～20℃。

(2)气调保鲜法　指改变鲜菇贮存环境的气体成分，或改变气体成分含量的保鲜方法。这是食用菌贮存中经常采用的方法。采用塑料袋包装，降低袋内的氧气浓度，提高二氧化碳的含量，是一种较简单的食用菌保鲜方法。例如用0.08毫米厚度的聚乙烯塑料薄膜做成40厘米×50厘米的袋，装1千克蘑菇，封口，利用自发气调，48小时后，袋内氧浓度降为0.5%左右，二氧化碳浓度增至10%～15%，在10℃～18℃温度下，可保鲜蘑菇4天，不开伞、不变质。

(3)化学药剂保鲜法　采用无毒无害的化学药剂处理鲜菇，通过抑制鲜菇体内酶活性和生理生化过程，改变菇体酸碱度，杀死或抑制微生物，隔绝空气接触等，达到鲜菇的保鲜作用。

①米汤膜保鲜　熬粥煮饭时，舀取一部分稀米汤，同时加入1%纯碱或5%小苏打，溶解和搅拌均匀后，冷却至室温然后将采下的鲜蘑菇浸于米汤碱液中，5分钟即捞出，置于阴凉、干燥处。此时蘑菇表层形成一层米汤碱性薄膜，一方面与空气隔绝，减少了水分蒸发，另一方面抑制了酶的活性。因此，可保鲜72小时，不变色，不变质。

②焦亚硫酸钠浸泡　将漂洗干净的鲜菇浸泡在0.1%～0.5%焦亚硫酸钠溶液中，10～20分钟后取出，沥去焦亚硫酸

钠溶液，装入塑料袋密封，在15℃左右可保鲜5～6天。

③氯化钠、氯化钙浸泡　用0.2%氯化钠、0.1%氯化钙配制成浸泡液，将蘑菇浸泡后，在16℃～18℃温度下可保鲜4天；在5℃～6℃下可保鲜10天。

(4)盐水浸泡　配制0.1%～1%盐溶液，将蘑菇浸在盐液中泡15～20分钟，取出沥水，装塑料袋密封，在15℃下可保鲜3～5天。

(5)保鲜液浸泡　将抗坏血酸(0.02%～0.05%)和柠檬酸(0.01%～0.02%)配成保鲜液，把要保鲜的食用菌浸泡在此液中10～20分钟，然后捞出沥干水分，在塑料袋中包装密封。此法可防止保鲜物的变色。

(6)辐射保鲜　利用穿透力强的射线辐照菇体，可杀死微生物，破坏酶活性，抑制与延缓菇体内生理生化进程，减少乙烯生成，降低开伞率，减少菇体水分损失，降低失重等。方法是将鲜菇放于β与γ射线中辐照，100～150戈(1万～1.5万拉德)的剂量(不危害人体健康)，可使蘑菇保鲜2天，用12.9～25.8库/千克(5万～10万伦琴)的量辐照蘑菇，在2℃～5℃与空气相对湿度85%条件下，可保鲜4～6天，开伞率低于6%。

食用菌保鲜方法很多，但必须采用综合措施才能达到最佳保鲜效果，比如采用0℃～4℃低温真空袋装保鲜食用菌时间可达5～15天。所谓综合措施，就是保鲜时要考虑到所有有利于保鲜的因素。如较低的温度，耐贮存保鲜的品种，采菇前的管理(特别是采前用水)，鲜菇的水分和损伤，贮存环境的卫生和通风状况等。这些因素与保鲜相互作用、相互影响，我们一定要辩证地处理它们的关系，使之达到有利于保鲜的最佳状态。

第九章 蘑菇病虫害防控的标准化

蘑菇与其他食用菌一样容易孳生病虫害，特别是露地一次性发酵栽培模式。但只要建堆、翻堆、铺料、播种、菌丝培养、覆土处理等各环节都注意了病虫害防治，那么出菇管理中发生病虫害的可能性就非常小，如果仍然发生，那么病害主要是细菌性病和竞争性病，而虫害则主要是双翅目的菌蛆类害虫和跳虫、蛞蝓等。应该根据病虫害的具体情况来做出恰当的反应。对病虫害的防治，应该坚持防重于治的原则。

许多菇农，平时不注意卫生，每潮菇后又不及时清除菇脚、菇根和死、烂菇，致使病虫害大量孳生；病虫害孳生后，或听之任之，任其危害；或滥施药物，虽将病虫治住了，但菇也治死了，或因有农药残留而不能食用了。

蘑菇培养料进行二次发酵是病虫害防治的主要预防措施，覆土和地床土壤的消毒杀虫也是蘑菇病虫害防治的主要措施。出菇期间病虫害防治以预防、诱杀和物理防治等措施为主，尽量少施或不施农药。如需施用农药，必须是高效低毒、残留期短，符合国家及有关进口蘑菇的国家的农药安全标准的药物，在有关国家的限制性使用农药的名单上有的药物，一律禁止使用(见附录一)。

一、蘑菇病害的基础知识

(一)病害的定义

在蘑菇的整个栽培过程中,由于遭遇极不适宜的环境条件,或者遭受其他生物的侵染,致使食用菌的生长和发育受到显著的影响,因而降低食用菌的产量和(或)产品质量,即称作蘑菇病害。

蘑菇(食用菌)病害是由于不断遭受不利因素的刺激,其正常代谢活动和生理功能受到破坏,而发生一系列的病变形成的,功能的破坏随着病害的发展而逐渐加深。因此,食用菌病害的发生,往往有一个过程,并且产生一系列持续性的顺序变化,即所谓病理程序。

食用菌受到机械创伤或昆虫、动物(不包括病原线虫)伤害时,没有病理程序,因而不能叫做食用菌病害。

(二)发病原因(病原)

引起蘑菇发病的直接因素,称为病原。分析食用菌病害发生的原因时,应该区别两种不同类型的病害,即非侵染性病害和侵染性病害。侵染性病害的发病条件应该包括食用菌(寄主)、病原生物和环境条件 3 个方面,不能简单地、孤立地将病原生物看作病原。

(三)非侵染性病害(生理病害)原因

1. 概念 食用菌正常的生长发育需要一定的环境条件,在不同的发育阶段,食用菌对环境条件有一定的质和量的适应范围。当环境条件中某种因子的变化超过了食用菌所能适应的范围时，食用菌的正常生理活动就会受到阻碍，甚至遭到破坏而产生病害。不适宜的环境因素，凡是不属于生物范畴的，一般称之为非侵染性病原。非侵染性病原所引起的病害就是非侵染性病害。非侵染性病害一般是属于生理性的，所以也称作生理病害。非侵染性病害没有传染性。

2. 病因 常见的食用菌非侵染性病害的病因有如下几类：

营养物质缺乏或比例不当、水分失调、高温、冻害、光照不适、有害化学物质（二氧化碳、二氧化硫、硫化氢等）浓度过高等。有时也把化学农药引起的药害放在一起研究。

（四）蘑菇生理性病害症状

在栽培蘑菇（含其他食用菌）的过程中，除了受病原物的侵染，不能正常生长发育外，同时还会遇到某些不良的环境因子的影响，造成生长发育的生理性障碍，产生各种异常现象，导致减产和（或）品质下降，即所谓生理性病害，如菌丝徒长、畸形菇、硬开伞、死菇等。

1. 菌丝徒长 蘑菇、香菇、平菇等栽培时均有发生。在菇房（床）湿度过大和通风不良的条件下，菌丝在覆土表面或培养料面生长过旺，形成一层致密的不透水的菌被，推迟出菇或出菇稀少，造成减产。菌丝徒长除了与上述环境条件有关外，还与菌种有关。在原种的分离过程中，气生菌丝挑取过多，常使母种和栽培种产生结块现象，出现菌丝徒长。

在栽培蘑菇的过程中，一旦出现菌丝徒长的现象，就应立即加强菇房通风，降低二氧化碳浓度，减少细土表面湿度，并适当降低菇房温度，抑制菌丝徒长，促进出菇。若土面已出现菌被，可将菌膜划破，然后喷重水，大通风，仍有望出菇。

2. 畸形菇 蘑菇、平菇、（代料）香菇等食用菌栽培过程中，常常出现形状不规则的子实体，或者形成未分化的组织块。蘑菇、香菇常出现菌柄肥大，盖小肉薄，或者无菌褶的高脚菇等畸形菇。

造成食用菌形成畸形菇的原因很多，主要是二氧化碳浓度过高，供氧不足，或覆土颗粒太大，出菇部位低；或光照不足；或温度偏高，或用药不当而引起药害等。

3. 玫冠病 主要出现在蘑菇上。病菇菌盖边缘上翻，在菌盖上表面形成菌褶；有时则在菌盖上形成菌管、菌褶分辨不清的瘤状物。玫冠病往往在最早的几潮菇中发生较多。

玫冠病主要是化学药品污染所致，如矿物油、杂酚油、酚类化合物，或杀菌剂农药使用过量等。

4. 薄皮早开伞 在蘑菇出菇旺季，由于出菇过密，温度偏高（18℃以上），很容易产生薄皮早开伞现象，影响蘑菇质量。在栽培中，菌丝出菇定位不要调得过高，宜将出菇部位控制在细土缝和粗细土粒之间；防止出菇过密，适当降低菇房温度，可减少薄皮早开伞现象。

5. 空根白心 蘑菇旺产期如果温度偏高（18℃以上），菇房空气相对湿度太低，加上土面喷水偏少，土层较干，蘑菇菌柄容易产生白心。在切削过程中，或加工泡水阶段，有时白心部分收缩或脱落，形成菌柄中空的蘑菇，严重影响蘑菇质量。

为了防止空根白心蘑菇的产生，可在夜间或早晚通风，适当降低菇房温度，同时向菇房空间喷水，提高空气相对湿度。喷水力求轻重结合，尽量使粗土、细土都保持湿润。

6. 硬开伞 当温度低于 18℃，且温差变化达 10℃左右时，蘑菇的幼嫩子实体往往出现提早开伞（硬开伞）现象。在突然降温，菇房空气相对湿度偏低的情况下，蘑菇硬开伞现象尤甚，严重影响蘑菇的产量和质量。在低温来临之前，做好菇房保温工作，减小室内温差，同时增加菇房内空气相对湿度，可防止或减少蘑菇硬开伞。

7. 水锈斑 多见于蘑菇。菇房通风不良，空气相对湿度超过 95%时，菇盖上常有积水，或覆土粒上有锈斑，都会使蘑菇菌盖表面产生铁锈色斑点，影响菇体外观。避免使用带铁锈色的覆土，加强通风排湿，及时蒸发菌盖表面的水滴，可防止蘑菇水锈斑的发生。

8. 死菇 在蘑菇、香菇、草菇、平菇、金针菇等多种食用菌的栽培中，均有死菇现象发生。尤其是蘑菇头两潮菇出菇期间，小菇往往大量死亡，严重影响前期产量。造成死菇的原因：一是出菇过密过挤或定位太浅，营养供应不足；二是高温、高湿，菇房或菇场通风不良，二氧化碳累积过量，致使小菇闷死；三是出菇时喷水过多，且对菇体直接喷水，导致菇体水肿黄化，溃烂死亡；四是用药过量，产生药害，伤害了小菇；五是 2～3 潮菇后由于培养料和覆土缺水致小菇大量死亡。

（五）蘑菇常见的主要侵染性真菌病害

1. 概念 侵染性病害是由各种病原生物侵害食用菌引起的。这些病原生物包括真菌、细菌、病毒和线虫等，分别称作病原真菌、病原细菌和病原线虫。病原生物引起的病害是可传染的。所以，侵染性病害也称作传染性病害。被病原生物侵染的食用菌称为寄主。

2. 症状 感病后，在其外部和内部表现出的不正常特征，称为症状。症状是病原物特性和寄主特性相结合的反映，分为病状和病症两方面。病状是食用菌染病后本身表现出来的不正常状态;病症则是病原物在寄主(食用菌)体内和体外表现出来的特征。因此,病症只存在于侵染性病害。

常见的食用菌病害症状有变色、斑点、凹陷、软腐、萎缩、畸形、缺刻等。

3. 常见的主要侵染性病害 真菌引起的食用菌病害种类最多,危害最重。从为害方式来看,真菌病害可分为寄生性真菌病害、竞争性真菌病害、寄生性兼竞争性真菌病害 3 大类。从危害时间来看,有制种阶段的危害,也有在栽培期间的危害。

(1)褐腐病 亦称白腐病、湿泡病、水泡病、疣孢霉病。

①病原菌 疣孢霉,属于半知菌类。

②病原菌习性 疣孢霉(图 9-1)性喜郁闭、潮湿的环境,其菌丝生长的最适温度为 25℃,pH 值 6.2。10℃以下极少发病,15℃以上发病严重,65℃条件下经 1 小时即死亡。

③危害对象 主要危害蘑菇、草菇。

④症状 疣孢霉只感染子实体,不感染菌丝体,其常见症状是:

第一,发病初期,蘑菇的菌褶和菌柄下部出现白色绵毛状菌丝;稍后,病菇呈水泡状,进而褐腐死亡。

第二,幼菇受害后常呈无盖畸形(硬皮马勃状团块),并伴有暗黑色液滴渗出,最后腐烂死亡。

第三,感病菇上渗水滴是褐腐病的典型症状。

⑤传播途径 当第一批菇发病时,覆土是主要媒介;而后再发病,水、工具或栽培者都可能是病菌传播的重要途径。

⑥防治措施

第一,覆土前 5 天,按每立方米覆土加 50 毫升福尔马林、25 克高锰酸钾的比例进行密封熏蒸 24 小时,可以预防此病

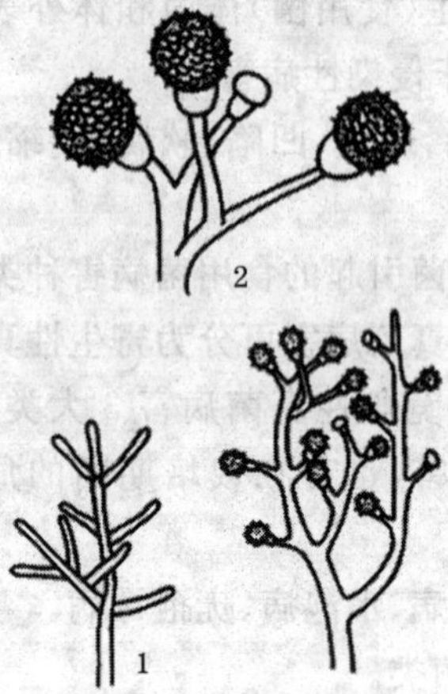

图 9-1　疣孢霉

1. 轮枝形分孢子　2. 厚垣孢子

发生。

第二，开始发病时应停止喷水，加大菇房通风量，并且尽可能将温度降至15℃以下。

第三，在病区喷洒500～1 000倍施保功溶液，或喷洒500倍多菌灵液灭菌。

第四，发病严重时，更换覆土，烧毁病菇，并用4%甲醛溶液消毒工具。

(2)褐斑病　亦称干泡病、轮枝霉病。

①病原菌　轮枝孢霉(图9-2)，属于半知菌类。

②病原菌习性　轮枝孢霉性喜低温、高湿的环境。

③危害对象　蘑菇子实体。

④症状

第一，病菇菌盖上产生许多针头状褐色斑点，后逐渐扩大，并产生灰白色凹陷，病程约14天。

第二，虽然蘑菇的营养菌丝不会染病，但子实体分化前，病菌可沿蘑菇的菌丝索生长，形成质地较干的灰白色组织块。

第三，后期染病，菌柄变粗、变褐，表层剥裂，菌盖较小，畸形，常有霉状附属物。病菇干裂，不腐烂，无特殊臭味。

⑤传播途径

第一，病菌的分生孢子主要通过溅水传播。

第二，菇蝇、螨类、操作工具、气流、覆土，以及栽培者本身，均可成为传染媒介。

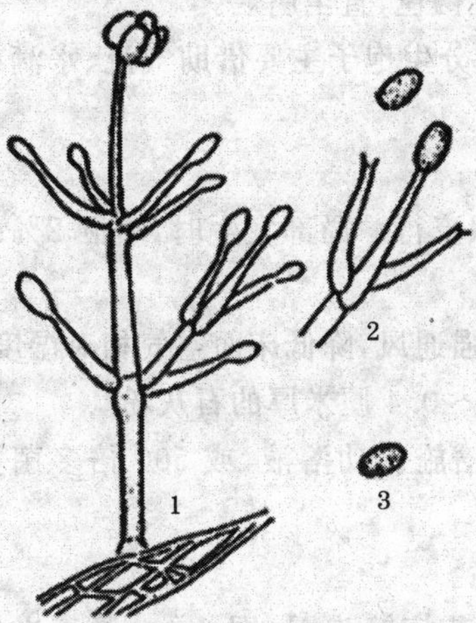

图 9-2　轮枝孢霉

1. 孢子梗分枝　2. 小梗　3. 分生孢子

⑥防治措施

第一，用甲醛熏蒸覆土，且避免覆土过湿。

第二，防止菇蝇进入菇房。

第三，用 4% 甲醛溶液消毒工具。

第四，已发病的菇床，可喷洒 500～1 000 倍施保功溶液，或 500 倍多菌灵溶液，抑制病菌蔓延。

(3)软腐病　又称树枝状轮枝孢霉病、蛛网病。

①病原菌　树枝状轮枝孢霉(图 9-3)，属于半知菌类。

②病原菌习性　树枝状轮枝孢霉性喜低温、高湿的环境。

③危害对象　蘑菇。

④症状

第一，发病时，床面覆土周围出现白色蛛网状菌丝，若不及时处理，病原菌迅速蔓延，并变成水红色。

第二，在蘑菇的整个发育阶段都可染病。染病子实体

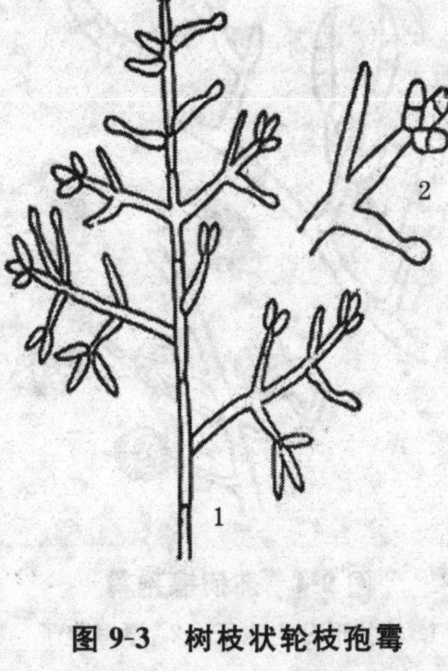

图 9-3　树枝状轮枝孢霉

并不发生畸形，而是逐渐变成褐色，直至腐烂。

⑤传播途径　病原菌的分生孢子主要借助气流、水滴或覆土传播。

⑥防治措施

第一，软腐病很少大面积流行。局部发生时，喷洒2%～5%的甲醛溶液。

第二，减少床面喷水，加强通风，降低床面空气相对湿度。

第三，在染病床面撒0.2～0.4厘米厚的石灰粉。

第四，喷洒500～1 000倍施保功溶液，或500倍多菌灵液。

(4)猝倒病　又称枯萎病。

①病原菌　尖镰孢霉或茄病镰孢霉(图9-4)，属于半知菌类。

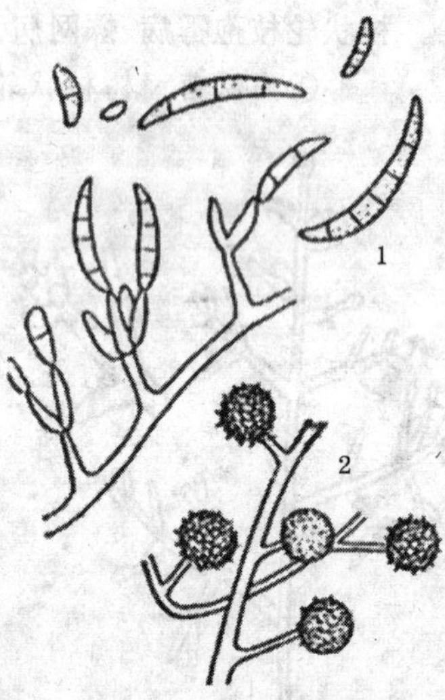

图9-4　茄病镰孢霉

1. 轮枝形分生孢子　2. 厚垣孢子

②危害对象　蘑菇、覆土栽培菇类。

③症状

第一，镰孢霉主要侵染蘑菇菌柄，侵染后病菇菌柄髓部萎缩、变成褐色。

第二，早期感染的病菇和健菇在外形上差异不明显，只是病菇菌盖色泽较暗，菇体不再长大，逐渐变成"僵菇"。

第三，与其他致烂菌共同导致覆土香菇烂筒。

④传播途径　带菌覆土是此病的主要媒介。

⑤防治措施

第一，对覆土进行蒸汽或药物消毒，是防治本病的主要方法。

第二，一旦发病，可按 11∶1 的比例将硫酸铵与硫酸铜混合，然后取上述混合物 300 克加水 100 升喷洒菇床。

第三，也可喷洒 500 倍苯来特或多菌灵药液。

第四，选择适宜栽培品种温度的出菇场所，防止高温高湿，夏季香菇栽培场所应加强通风、降温、降湿的管理，实行干干湿湿交换进行水分管理。

(5)菌被病　又称马特病、黄霉病、黄毁丝病等。

① 病原菌　黄毁丝霉(图 9-5)，属于半知菌类。

②病原菌习性　黄毁丝霉属于寄生性兼竞争性杂菌，性喜培养料腐熟过度和通风不良、湿度过大的环境。

③危害对象　蘑菇。

④症状

第一，病原菌丝初为白色，后呈黄色至淡褐色，线毯状。该菌的寄生性很强，能分泌溶菌酶噬蚀蘑菇菌丝。

第二，该菌侵入菇床后，培养料内出现成堆的黄色颗粒，并散发出浓厚的铜绿、电石等金属气味或霉味。

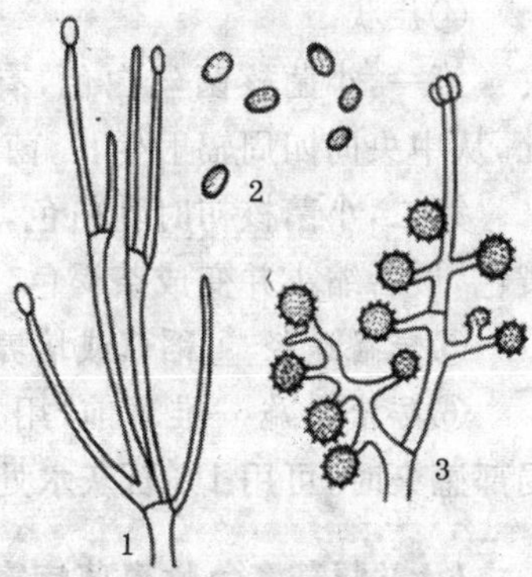

图 9-5　黄毁丝病菌(黄霉菌)

1. 分生孢子梗　2. 分生孢子
3. 厚垣孢子

第三，病原菌侵害蘑菇子实体时，菇体表面出现灰绿色的不规则锈斑，呈“彩纸屑”状。

⑤传播途径　病原菌主要通过培养料或覆土带入菇房。

⑥防治措施

第一，防止堆肥过熟、过湿，加强菇房通风换气。

第二，堆肥发酵和蒸汽消毒时，配合用甲醛熏蒸(详见褐腐病防治措施)，能杀灭黄毁丝霉菌。

第三，每吨堆肥中加入0.9千克硫酸铜，防病效果更佳。

(6)小菌核

①病原菌　整小菌核。

②病原菌习性　寄生性兼竞争性杂菌。菌核萌发和菌丝生长的温度范围是10℃～35℃，最适温度30℃～32℃。

③危害对象　草菇、蘑菇。

④症状

第一，小菌核菌丝白色，有光泽，绵毛状，比草菇菌丝粗壮，从中央向四周辐射生长，菌丝上形成大量菌核。

第二，小菌核初时乳白色，随着体积的增大，逐渐变为米黄色，最后缩小并变成茶褐色，貌似油菜籽。

⑤传播途径　稻草或培养料带菌传播。

⑥防治措施　堆草前，用2%～3%的石灰水浸泡稻草；局部感染时，可用1%石灰水处理。

(六)蘑菇竞争性真菌病害(杂菌)

危害食用菌的竞争性真菌病害主要是指污染菌种的杂菌、代料栽培中菇房(菇床)常见杂菌，以及木腐菌、段木栽培中常见的杂菌侵染引起的病害。

1.污染菌种的常见杂菌

(1)杂菌的识别

①毛霉　毛霉一般出现较早，初期呈白色，老后变为黄

色、灰色或褐色。菌丝无隔膜,不产生假根和匍匐菌丝,直接由菌丝体生出孢囊梗。孢囊梗一般单生,且较少分枝。球形孢子囊着生在孢囊梗顶端(图 9-6)。孢子囊一般黑色,囊内有囊轴。囊轴与孢囊梗相连处无囊托。孢囊孢子球形、椭圆形或其他形状,单孢,多无色。

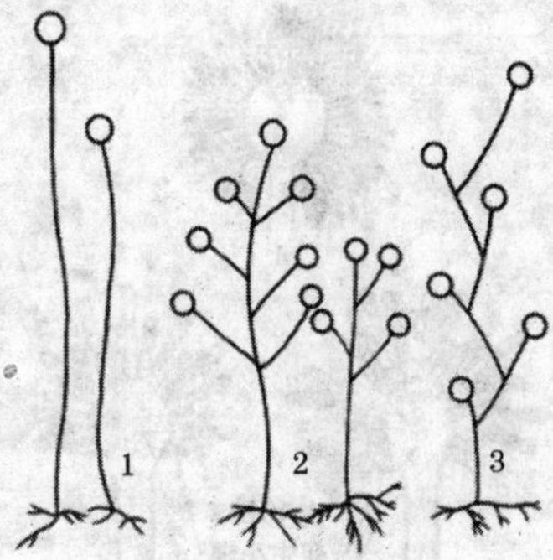

图 9-6 毛霉的分枝类型

1. 单柄 2. 总状分枝 3. 假轴状分枝

②根霉 根霉与毛霉相似,其菌丝无隔膜。但其在培养基上能产生弧形的匍匐菌丝,向四周蔓延,并由匍匐菌丝生出假根,菌丝交错成疏松的絮状菌落。菌落生长迅速,初时白色,老熟后变为褐色或黑色。孢囊梗直立,不分枝,顶端形成孢子囊,内生孢囊孢子(图 9-7)。孢囊孢子球形、卵形或不规则,有棱角或有线状条纹,单孢。

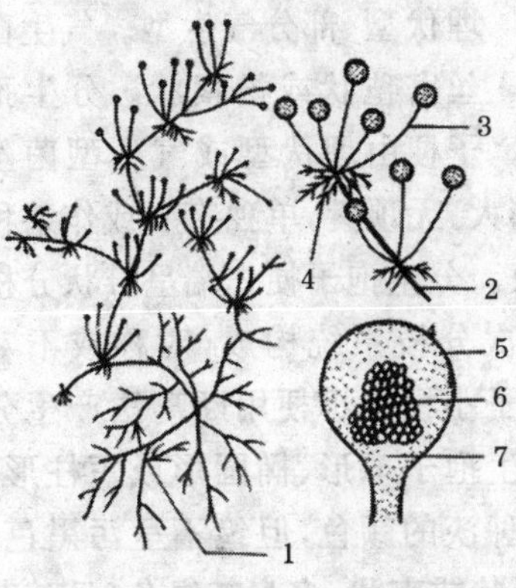

图 9-7 根霉菌菌丝形态

1. 营养菌丝 2. 葡匐枝 3. 孢子梗 4. 假根 5. 孢子囊 6. 囊轴 7. 囊托

③曲霉 曲霉属于子囊菌,营养体由具横隔的分枝菌丝构成。分生孢子梗是从特化了的厚壁、膨大的足细胞生出,并略垂直于足细胞的长轴,不分枝,顶端膨大成顶囊。顶囊表面产生单层或双层的小梗。

分生孢子着生于小梗顶端，最后成为不分枝的链(图 9-8)。分生孢子的形状、颜色和饰纹，以及菌落的颜色，都是分类的重要依据。菌落颜色多种多样，最常见的是黄色、黑色、褐色、绿色等，呈绒状、絮状或厚毡状，有的略带皱纹。

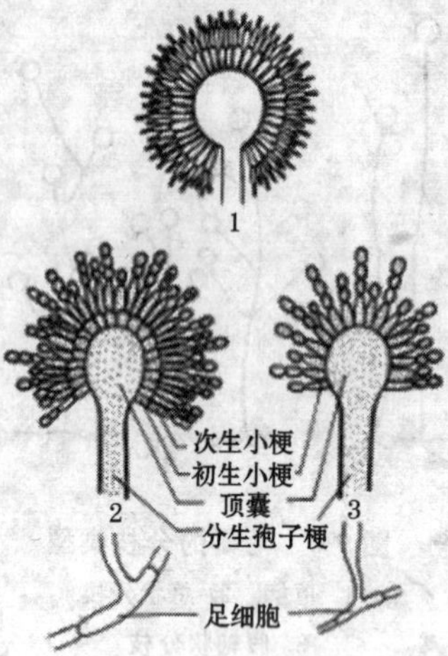

图 9-8　曲　霉

1. 黑曲霉　2. 黄曲霉　3. 灰绿曲霉

④青霉　青霉的菌丝体无色、淡色或有鲜明的颜色，具横隔，为埋伏型，或为部分埋伏型、部分气生型。气生菌丝密毡状或松絮状。分生孢子梗由埋伏型或气生型菌丝生出，不形成足细胞，顶端不膨大，无顶囊，单独直立或作某种程度的集合乃至密集为菌丝束。分生孢子梗先端呈帚状分枝(图 9-9)，由单轮或两次到多次分枝系统构成，对称或不对称，最后一级分枝即为分生孢子小梗。小梗用断离法产生分生孢子，形成不分枝的链。分生孢子球形、椭圆形或短柱形，多呈蓝绿色，有时无色或呈别种淡的颜色，但绝不呈污黑色。菌落质地可分为绒状、絮状、绳状或束状，多为灰绿色，且随菌落变老而改变。

⑤脉孢菌　俗称链孢霉或红色面包霉。菌落最初白色，粉粒状，很快变为橘黄色，绒毛状。菌落成熟后，上层覆盖粉红色分生孢子梗及成串分生孢子(分生孢子链)(图 9-10)。分生孢子链呈橘黄色或粉红色。

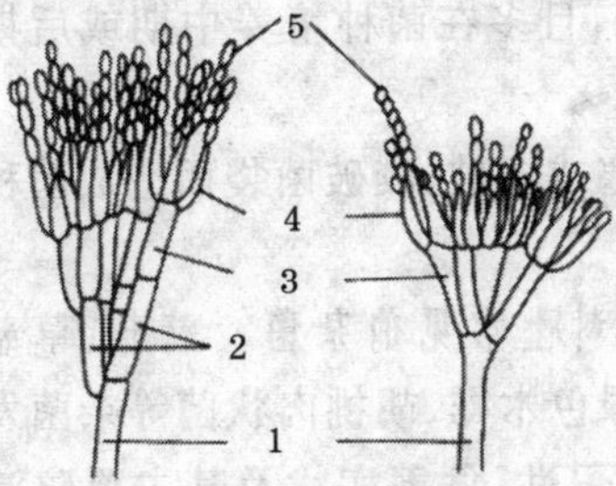

图 9-9　青霉的帚状分枝

1. 分生孢子梗　2. 副枝　3. 梗基
4. 小梗　5. 分生孢子

脉孢菌能杀死食用菌的菌丝体，引起培养基发热，发酵生醇，因此很容易从菌种室内嗅到某种霉酒味或酒精香味。脉孢菌属于子囊菌。子囊簇生或散生，褐色或黑褐色。子囊孢子初无色，透明，成熟后变为黑色或墨绿色，并且有纵的纹饰。

(2)杂菌污染的主要原因

第一，培养基灭菌不彻底。在这种情况下，往往在瓶(袋)内培养基的上中下各层同时出现杂菌，且杂菌种类较多(两种以上)。

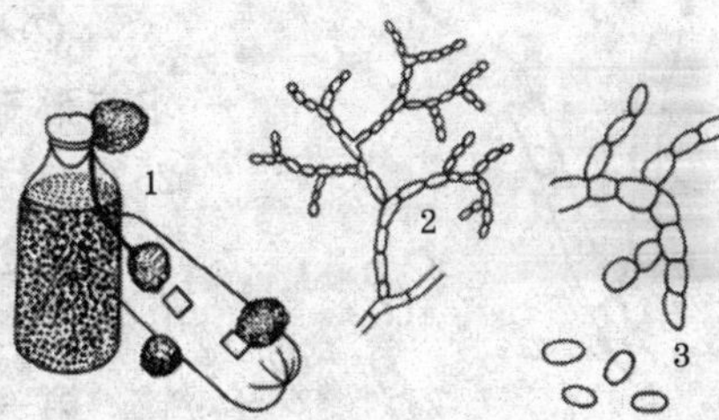

图 9-10　链孢霉

1. 似猴头菇绒毛状孢子团
2. 分生孢子链　3. 分生孢子

第二，接种室(箱)消毒不严，或接种人员操作不慎造成污染。这类原因造成的污染多在培养基表面最先出现杂菌，而其他地方只有在稍后才出现杂菌。

第三，菌种带有杂菌。菌种带菌所造成的污染往往是成批地发生，从几十瓶(袋)到几百瓶(袋)，而且杂菌首先在接种块上出现，杂菌种类比较一致。

第四，菌种培养室不卫生，或培养室曾作为原料仓库或栽培室，导致环境中杂菌孢子基数较大，加上瓶塞或袋口包扎不紧或棉塞潮湿等原因造成污染，且多在菌种培养中期或后期发生。

第五，鼠害。老鼠扯掉棉塞或抓破、咬破菌袋而造成菌种污染。

2. 蘑菇及其他粪草菌培养料上常见的杂菌 蘑菇、草菇等粪草菌培养料上常有鬼伞、绿色木霉、胡桃肉状菌等杂菌发生。现将7种常见杂菌的生活习性、危害症状及其主要防治措施简介如下。

(1)棉絮状杂菌 又叫鱼籽病。

①病原菌 可变粉孢霉(图9-11)。

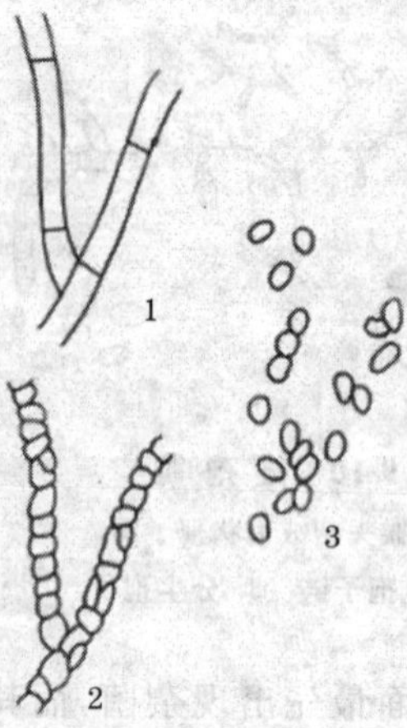

图9-11 可变粉孢霉

1. 菌丝 2. 菌丝断裂产生分生孢子 3. 圆柱形分生孢子

②病原菌习性 对温度要求与蘑菇菌丝相似，为10℃～25℃，对土层湿度要求不严。

③危害对象 蘑菇。

④症状

第一，病原菌在床面大量发生时，影响蘑菇菌丝生长和蘑菇产量，病区菇稀、菇小，严重时不出菇。

第二，条件适宜时，可变粉孢霉先在细土表面生长，菌丝白色，短而细，像一篷篷棉絮，故称棉絮状杂菌。经过一段时间，菌丝萎缩，逐渐变成粉状、灰白色；最后变为橘红色颗粒状分生孢子，类似鱼籽，所以有些农民把它称之为鱼籽病。

⑤传播途径 培养料中粪块草料等带菌。

⑥防治措施

第一,当棉絮状菌丝出现在土表时,用 500 倍多菌灵或 500～1 000 倍施保功溶液喷洒,100 平方米用药液 45 升,分 1～3 次喷洒。

第二,连续严重发生棉絮状杂菌污染的菇房,用 800 倍多菌灵拌料,有明显的预防作用。

(2)胡桃肉状菌　又叫假块菌、牛脑髓状菌(图 9-12)。

①病原菌　小孢假胶枞块菌。

②病原菌习性　性喜高温、高湿、郁闭的环境。

③危害对象　蘑菇。

④症状

第一,菌种感染。菌丝未发透培养料时,出现浓白、短并带有小白点的菌丝丛,很像蘑菇菌丝徒长,不结被,但常扭结成形似不规则的小菇蕾,拔塞时有一股氯气(漂白粉)气味。

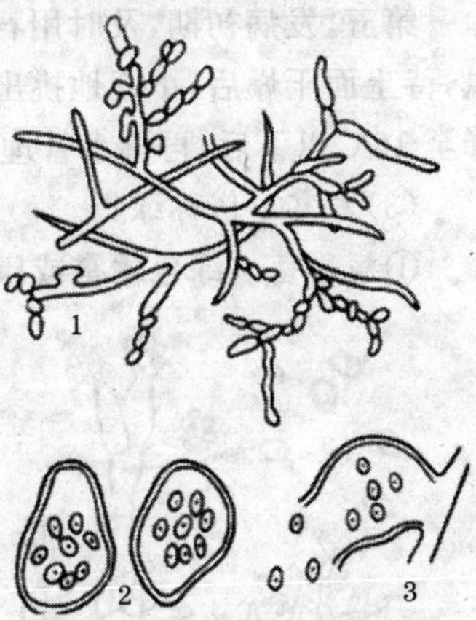

图 9-12　胡桃肉状菌

1. 菌丝体　2. 子囊　3. 子囊孢子

第二,菌料感染。菌料表面或底部出现肥壮、浓密、白至黄白色带小白点的菌丝,有漂白粉气味。随着杂菌的孳生,培养料开始变松,蘑菇菌丝逐渐退化消失。

第三,土层感染。料层之间或土层中间出现不规则的成串的畸形小菇蕾样杂菌,连绵不断向四周扩散,并散发出很浓的氯气味,蘑菇菌丝消失。

⑤防治措施

第一，避免在患有该病的菇房选种。

第二，出现过胡桃肉状菌污染的床架材料要全部淘汰，菇房及场地喷洒800倍多菌灵消毒，有条件时更换菇房更理想。

第三，培养料要经过2次发酵，且防止培养料过湿过厚。

第四，适当推迟播种期，降低出菇时的温度，也有一定的预防效果。

第五，发病初期，及时用石灰封锁病区，停止喷水，加强通风，待土面干燥后，小心地挑出杂菌的子囊果并烧毁。当室温降至16℃以下后，再调水管理，仍可望出菇。

(3)木霉　俗称绿霉。

①病原菌　绿色木霉或康氏木霉(图9-13)。

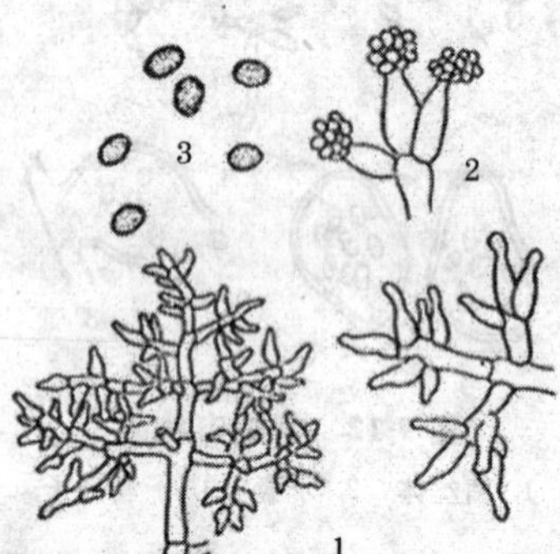

图9-13　木　霉

1. 分生孢子梗分枝
2. 孢子着生状　3. 分生孢子

②病原菌习性　木霉的适应性强，尤喜酸性环境。

③危害对象　菌种、木腐菌或粪草菌的培养料，以及食用菌本身，是造成香菇菌筒腐烂的病原菌之一。

④症状　绿色木霉的单个孢子多为球形，在显微镜下呈淡绿色、其产孢丛束区常排成同心轮纹，深黄绿色至蓝绿色，边缘仍白色，产孢区老熟自溶。康氏木霉的分生孢子椭圆形，卵形或长形，在显微镜下单个孢子近无色，成堆时绿色。在培养基上，菌落外观为浅绿、黄绿或绿色，不呈深绿或蓝绿色。

⑤传播途径　空气及带菌培养料是主要媒介。

⑥防治措施

第一，保持菌种厂及菇房（场）环境卫生，经常进行空气及用具消毒。

第二，使用甲醛消毒时，防止过量，避免造成酸性环境。

第三，生产菌种时，培养料必须彻底灭菌；接种时严格无菌操作，发现污染，及时清除。

第四，始见木霉时，及时喷洒 500 倍苯来特药液，或喷洒 5%的石灰水抑制杂菌。

第五，选择适宜栽培地，出菇场所防止高温、高湿。

(4)橄榄绿霉

①病原菌　橄榄绿毛壳，又称球毛壳菌（图 9-14）。

②病原菌习性　培养料含氨量高，氧气不足，甚至处于厌氧状态，更适合于橄榄绿霉生长。

③危害对象　蘑菇。

④症状

第一，此菌一般在播种后两周内出现，菌丝初期灰色，后来逐渐变成白色。

第二，菌丝生长不久，就可形成针头大小的绿色或褐色子囊壳。

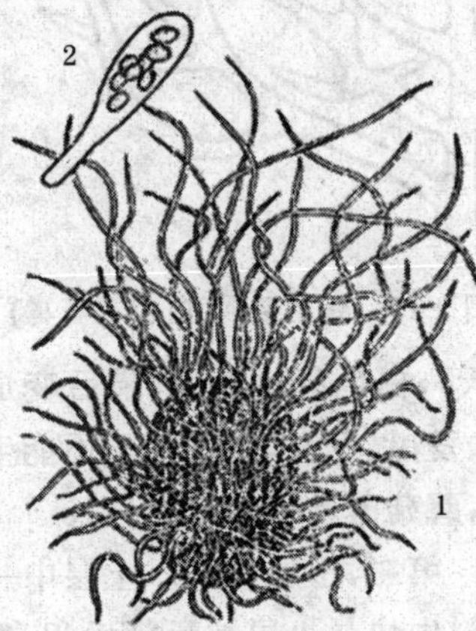

图 9-14　球毛壳菌

1. 子囊壳　2. 子囊及子囊孢子

第三，橄榄绿霉在培养料内直接抑制蘑菇菌丝生长，造成蘑菇减产。

⑤传播途径　多由培养料中的稻草带入菇房以及二次发

酵过热(超过 65℃)引起。

⑥防治措施

第一,后发酵期间,控制料温不要超过 65℃。

第二,培养料进菇房前,将料中的氨气充分散失。

(5)白色石膏霉　又称臭霉菌。

①病原菌　粪生帚霉(图 9-15)。

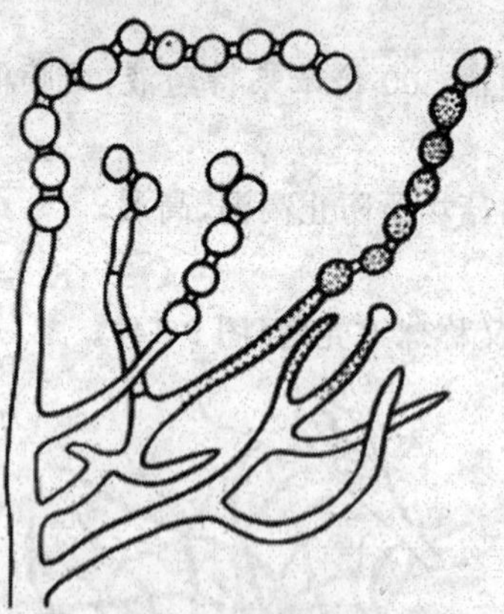

图 9-15　粪生帚霉(白色石膏霉)

②病原菌习性　培养料含水量 65%、空气相对湿度 90%、温度 25℃以上的高温、高湿环境适其生长,偏熟、偏黏、偏氮、pH 值 8 的培养料,是白色石膏霉的最适生活条件。

③危害对象　蘑菇。

④症状

第一,菌料感染。起初出现白色浓密绒毛状菌丝,温、湿度越高蔓延越快(生活史约 7 天),白色菌落增大,最后变成黄褐色。受污染的培养料变黏、发黑、发臭,蘑菇菌丝不能生长。直到杂菌自溶后,臭气消失,蘑菇菌丝才能恢复生长。

第二,土层感染。土层中一旦发现就是白色菌落,变色比菌料中快。土层被污染后很臭,蘑菇菌丝不能上泥。等到杂菌自溶,臭气消失时,蘑菇菌丝才能爬上土层,恢复正常生长和出菇。

⑤传播途径　没有消毒的床架及垫底材料、堆肥、覆土均可带菌,各种畜禽、昆虫是传播白色石膏霉的媒介。

⑥防治措施

第一,使用质量好的经"二次发酵"处理的培养料栽培蘑菇。

第二,堆肥中添加适量的过磷酸钙或石膏。

第三,局部发生时,用 1 份冰醋酸对 7 份水浸湿病部。大面积发生时,可用 600～800 倍多菌灵溶液喷洒整个菇床。

第四,将硫酸铜粉撒在罹病部位,有抑菌去杂作用。

(6)褐皮病　又叫褐色石膏霉、黄丝葚霉。

①病原菌　团丝核菌(图 9-16)。

②病原菌习性　性喜过湿的菇床。

③危害对象　蘑菇、草菇、凤尾菇。

④症状

第一,该菌发生初期为白色,逐渐扩展出现 15～60 毫米直径的病斑,病斑逐渐变成褐色,成颗粒状。用手指摩擦时,似滑石粉感觉,这不是孢子而是珠芽,它极易在空气中传播。

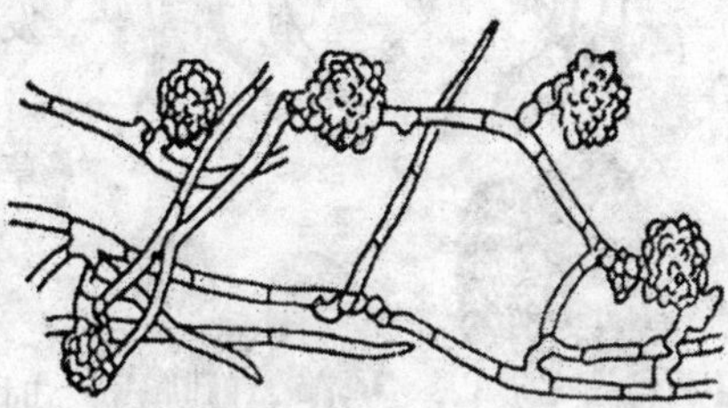

图 9-16　多芽团丝核菌

第二,随着气温的降低和菇床水分的减少,病斑逐渐干枯,变成褐色革状物,出菇量锐减。

第三,发酵过熟、过湿培养料的菇床上,除了发生褐色石膏霉外,常伴随着鬼伞大量发生。

④传播途径　堆肥、废棉等都可传播此菌。

⑤防治措施

第二,控制播种前培养料的含水量。

第二,一旦发病,立即加强通风,并在病斑周围撒上石灰粉，防止病斑扩散蔓延。

第三，局部发生时，喷洒500倍多菌灵或7倍醋酸溶液。

(7)鬼　伞

①病原菌　鬼伞属于大型真菌。菇床上发生的鬼伞有下述4种(图9-17)。

墨汁鬼伞；毛头鬼伞；粪鬼伞；长根鬼伞。

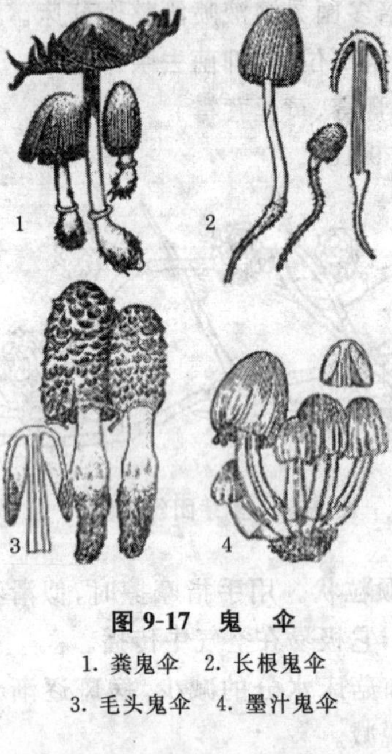

图9-17　鬼　伞

1. 粪鬼伞　2. 长根鬼伞

3. 毛头鬼伞　4. 墨汁鬼伞

②病原菌习性　气温20℃以上时，鬼伞可以大发生。

③危害对象　蘑菇、草菇。

④症　状

第一，在堆制培养料时，鬼伞多发生在料堆周围。

第二，菇房内，鬼伞多发生在覆土之前。

第三，鬼伞生长很快，从初见于实体(鬼伞)到其自溶，只需24～48小时，与草菇、蘑菇争夺养料，造成减产。

⑤传播途径　培养料带菌。

⑥防治措施

第一，使用未霉变的稻草、棉籽壳等栽培草菇。

第二，使用质量合格的“二次发酵”的培养料栽培蘑菇。

第三，对曾经严重发生鬼伞为害的菇房，栽培结束后，菇房、床架、用具等要认真涮洗，严格消毒处理，以绝后患。

(七)细菌性病害

蘑菇等食用菌从菌种制作到栽培出菇的整个生产过程，都不同程度地遭受到细菌的威胁。与真菌一样，细菌也是食用菌病害的一大类病原生物。不过，目前研究报道较多的，仅限于蘑菇、鸡腿菇等的细菌性病害。现将食用菌常见的细菌性病害及其防治措施简介如下。

1. 细菌性斑点病(又称褐斑病)

(1)病原菌　托拉氏假单胞(杆)菌。

(2)病原菌习性及主要危害对象　喜高温、高湿的环境条件，主要危害蘑菇、鸡腿菇等。

(3)症状　病斑只见于菌盖表面，最初呈淡黄色变色区，后逐渐变成暗褐色凹陷斑点，并分泌黏液。黏液干后，菌盖开裂，形成不对称状子实体，菌柄偶尔也发生纵向凹斑。菌褶很少感染。菌肉变色较浅，一般不超过皮下 3 毫米。有时蘑菇采收后才出现病斑。

(4)传播途径　该菌在自然界分布很广。空气、菇蝇、线虫、工具及工作人员等都可成为传播媒介。

(5)防治措施

第一，控制水分。做到喷水后，覆土和菇体表面的水分能及时蒸发掉。

第二，减少湿度波动，防止高湿。始见病菇时将湿度降至85％以下。

第三，喷洒 600 倍次氯酸钙(漂白粉)溶液，可抑制病原菌蔓延。

第四，在覆土表面撒一层薄薄的生石灰粉，能抑制病害发展。

2. 菌褶滴水病

(1)病原菌　菊苣假单胞(杆)菌。

(2)病原菌习性及主要危害对象　性喜高湿的环境，主要危害蘑菇。

(3)症状　幼菇未开伞时没有明显的症状，一旦开伞，就可发现菌褶上有奶油色小液滴，严重时菌褶烂掉，变成一种褐色的黏液团。

(4)传播途径　病原细菌常由工作人员、昆虫带入菇房。当菌液干后，空气也可传播。

(5)防治措施　同细菌性斑点病。

3. 痘痕病

(1)病原菌　荧光假单胞菌。

(2)病原菌习性及主要危害对象　同细菌性斑点病。

(3)症状　病菇的菌盖表面布满针头状的凹斑，形似痘痕，故得此名。在痘痕上，常有发光的乳白色浓样菌液，并常有螨类在痘痕内爬行。

(4)传播途径　空气、昆虫、螨类、工具及工作人员，都能传播病原细菌。

(5)防治措施　同细菌性斑点病。

4. 干腐病

(1)病原菌　假单胞(杆)菌。

(2)病原菌习性及主要危害对象　该菌适应性较强，主要危害蘑菇等地生菇。

(3)症　状

①前期症状　床面局部或大部分子实体出现发育受阻和生长停滞现象，菇色为淡灰白色，触摸病菇，手感较硬。

②中期症状　子实体生长停滞或缓慢，菇柄基部变粗，边

缘有浓密的白绒菌丝，菇柄稍长而弯曲，菇盖倾斜而出现不规则的早开伞现象。

③后期症状　病菇不腐烂，而是逐渐萎缩、干枯，脆而易断，采摘时病菇“菇根”易断，并发出声音，刀切病菇有沙样感觉，断面有暗斑，纵剖菌柄，也可发现1条暗褐色的变色组织。

(4)传播途径　主要是带菌蘑菇菌丝接触传播。同时，土、水、空气、工具、工作人员，以及菇房害虫及其他昆虫都可传播这种假单胞杆菌。

(5)防治措施

第一，用发酵良好的培养料栽培蘑菇等菌类。

第二，工具、材料等用2%的漂白粉溶液或硫酸铜2份、石灰1份(2∶1)的500倍波尔多液喷刷，晾干后使用。

第三，不在患病菇房及其周围菇房选择菇种，母种分离时不能传代太多。

第四，菇房、工具、工作人员保持清洁卫生，并在菇房安装纱门、纱窗，做好害虫预防工作。

第五，及时将发病区和无病区隔离，切断带菌蘑菇菌丝传病通道。可采用挖沟隔离法，沟内撒漂白粉，病区内浇淋2%漂白粉液后用薄膜盖严，防止传播。

5. 蘑菇黄色单胞杆菌病

(1)病原菌　野油菜黄单胞(杆)菌。

(2)病原菌习性及主要危害对象　本病多发生在秋菇后期，病原细菌在10℃左右侵染蘑菇。

(3)症　状

第一，起初，在病菇表面出现褐斑。随着菇体的生长，褐色病斑逐渐扩大，且深入菌肉，直至整个子实体全部变成褐色至黑褐色，最后萎缩死亡并腐烂。

第二，蘑菇子实体感病与大小无关。自幼小菇蕾到纽扣菇都可发病。从初见褐色病斑到菇体变成黑褐色而死亡需3～5天。

(4)传播途径　病原菌由培养料和覆土带入菇房，随采菇人员的接触而传播。

(5)防治措施

第一，用漂白精或漂白粉液对菇房、床架等进行消毒（稀释液含有效氯0.03%～0.05%）。

第二，用经过二次发酵（后发酵）的培养料栽培蘑菇。

第三，覆土用2%甲醛溶液消毒。

(八)蘑菇病毒病

在双孢蘑菇的栽培史上，菇房里曾发生某些未知病因的病害，它曾被称作“法兰西病”、“褐色病”、“X病”等。辛登博士1956年首先宣称“顶枯病”是由病毒引起的。1962年，霍林斯在感病的双孢蘑菇菌丝中，用电子显微镜首次观察到与病害有关的3种病毒粒子。此后，国内外学者相继检出多种香菇病毒，茯苓、银耳病毒，以及平菇病毒。其中有些病毒引起食用菌品质和(或)产量下降，但有些病毒对食用菌的影响还有待研究。

1.病害特征　蘑菇担孢子感染病毒后，其孢子不是正常的瓜子形，而变成弯月形或菜豆形。

菌丝体感染病毒后，生长稀疏，不能形成子实体，严重时菌丝体逐渐腐烂，在菇床上形成无蘑菇区。

菇蕾感染病毒后，发育成畸形菇，且开伞极早。畸形菇呈桶状（柄粗盖小）或铆钉状（盖小，柄特长），最后导致菇体萎缩干瘪呈海绵状。

有时病菇似水浸状，有水浸渍状条纹，挤压菇柄能滴水。

据霍林斯所述，病菇症状与病毒粒子类型没有明显的专一性。症状主要取决于带病毒蘑菇的生长环境。生长环境、菌丝类型，以及染病时间，对症状显现的影响较不同种类病毒粒子的影响更大。

2. 传播途径　蘑菇病毒病主要通过带病毒粒子的孢子和菌丝传播。其主要传播途径是：空气传播带病毒的孢子；由昆虫、包装材料、工具，或病菇碎片传播带病毒的孢子；带病毒菌丝长入床架或培养箱中，随后长入新播种的培养料中，引起病毒病扩散。

3. 防治措施　如有条件，可在菇房安装配有空气过滤装置的通风设备，将各种带病孢子拒之于菇房外。每次播种前，将菇房连同所有器具(包括床架、栽培箱)都用5%甲醛消毒。每次栽培完，整个菇房连同废料先用70℃蒸汽消毒12小时，然后再将废料运出菇房，并及时谨慎处理。注意卫生，工作人员进出菇房均需用甲醛溶液消毒鞋子或换鞋，接触过病菇的手，要用0.1%新洁尔灭溶液浸洗消毒。播种前，用2%甲醛溶液消毒人行通道，经消毒的培养料用纸盖好，此后每周用0.5%甲醛溶液将盖纸喷湿2次，直到覆土前几天为止。移去盖纸之前，也要小心地把纸喷湿。采完整菇，迅速处理开裂菇、较小菇和其他畸形菇，不让菇房出现开伞菇，以防孢子扩散。适当增加播种量，缩短出菇期。选用耐(抗)病蘑菇良种，如果双孢蘑菇患病毒病严重，可改种大肥菇。新老菇房保持适当距离。

二、蘑菇菌蛆类主要害虫与防治技术

(一)蘑菇双翅目主要害虫(菌蛆类)

1. 蚤蝇 蚤蝇是各地菇场为害最严重的害虫，主要为害平菇、草菇、木耳、鸡腿菇、蘑菇、猴头等。幼虫蛆形，长 2～4 毫米。成虫分两型(普通型和白翅型)，体长 1.1～1.8 毫米，体黑色或黑褐色，均非常活泼、爬行迅速，普通型蚤蝇善于飞行(白翅型翅退化不能飞)。成虫对光和菌体香味具强烈趋性，喜光喜湿，交尾多在午后光照充足时进行，交尾方式与家蝇相仿为爬跨式，交尾后数小时雌蝇开始产卵，每头产卵 100～300 粒，雌蝇常选择幼菇及未被蛀食过的菌丝体产卵，只要菌袋(床)有孔隙，常钻入袋(床)内产卵。蚤蝇成虫在 10℃～35℃均能交尾产卵繁殖，23℃～30℃繁殖、发育最快。从发现少量成虫飞舞到造成为害仅需 4～7 天。长江以南省份发生高峰期 4～7 月份，次高峰期 9～10 月份(图 9-18)。

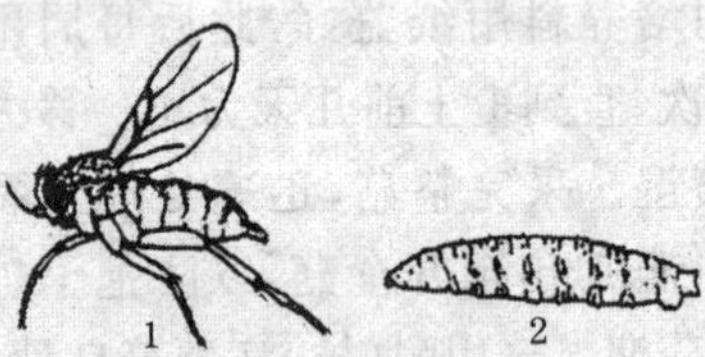

图 9-18 普通型蚤蝇

1. 成虫 2. 幼虫

2. 眼菌蚊 眼菌蚊是各地春季、初夏及秋季的食用菌主要害虫，为害平菇、木耳、猴头、鸡腿菇、金针菇、蘑菇等。幼虫头部黑色，老熟幼虫 4～6 毫米，成虫体长 3～4 毫米，暗褐色，成虫较活跃善飞，喜欢腐殖质，对光和菌香味具较强趋性。发生高峰期为 4～6 月份，次高峰期为 9 月下旬至 10 月底(图 9-19)。

3. 瘿蚊(瘿蝇、小红蛆、菇蝇、菇蚋，属双翅目瘿蚊科) 喜群

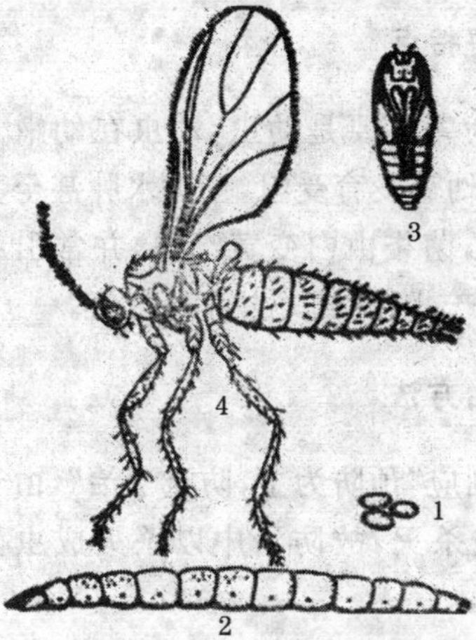

图 9-19 眼菌蚊

1. 卵 2. 幼虫 3. 蛹 4. 成虫

居，幼虫蛆形，有性繁殖初孵幼虫为白色，体长 0.28～0.36 毫米，老熟幼虫为米黄色或橘红色，体长 2.9 毫米；无性繁殖以幼体生殖方式进行，幼虫体长 1.4～1.5 毫米，老熟幼虫为 2.9～3.5 毫米，呈橘红色或米黄色。在养料丰富、湿度较大的食用菌栽培中大多为无性繁殖所为害，每条老熟幼虫体内可孕育 20 余条小虫，在很短时间内就可造成大量为害。蛹初期头、胸部为白色半透明，腹部橘红色，体长 1.3～1.6 毫米。成虫小蝇状，触角念珠状具环毛，头、胸为黑色，腹部及足为橘红色。总世代为 8～14 天(图 9-20)。

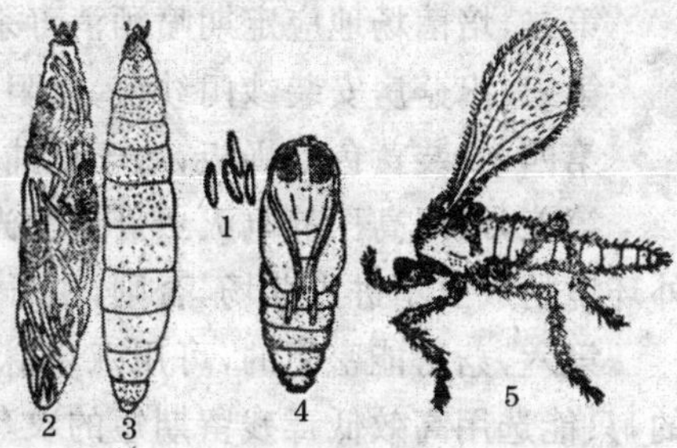

图 9-20 瘿蚊各虫态

1. 卵 2. 母虫 3. 老熟幼虫 4. 蛹 5. 成虫(雌)

所有食用菌均能受到瘿蚊为害，其中蘑菇受害最严重。瘿蚊侵入后，幼虫在培养料和覆土层间繁殖取食菌丝，钻蛀子实体，引起烂菇，使子实体失去商品价值。

（二）菌蛆类主要害虫为害特点

菌蛆类害虫对食用菌的为害主要是幼虫，幼虫在幼嫩子实体或菌丝体中蛀食串行，使幼菇发育受阻，变黄水肿甚至萎缩死亡；蛀食菌丝使菌丝衰退，菌袋由白变黄渐黑，并常引起病害一同发生，导致大面积减产，降低或失去商品价值。

（三）菌蛆类主要害虫防治方法

对食用菌虫害的防治原则应"预防为主，防重于治"，由于菌蛆常蛀食于菌料中，不易被杀灭，故防治中以杀灭成虫为主。

第一，搞好菇场内外环境卫生，及时清除废料及脏物、腐败物；每年早春季节（2～3 月份）菌蛆类成虫发生时，早秋季节（8～9 月份）在开始种植蘑菇时，应尽力消灭。

第二，培菌场地应定期喷洒消毒杀虫药剂，如敌敌畏等。

第三，出菇房安装纱门纱窗，以阻挡虫源入内。

第四，安装黄色黏蝇板，用于诱捕成虫。

第五，采用高压静电灭虫灯或黑光灯诱杀成虫，但应控制外环境的成虫不进入菇场，否则，虫子会越诱越多。

第六，菇房能密闭的，可用双甲脒（螨克）熏杀；不能密闭的，只能选用高效低毒残留期短的农药如食用菌专用杀虫剂，在出菇的间隙落潮期进行喷洒。通过试验研究表明：常规农药如敌敌畏、辛硫磷、乐果、二嗪农、敌杀死、速灭杀丁等虽能杀死菌蛆类成虫、幼虫，但同时也伤菇，导致鲜菇遭受药害而发育畸形或死亡，失去了商品价值。

三、蘑菇其他主要害虫与防治技术

(一)螨虫(菌虱、红蜘蛛)

1. 形态 螨是食用菌菌种生产乃至栽培中为害极大的微小(0.2～0.6 毫米)蜘形类的害虫。常见种类有食酪螨、跗线螨、矮螨等。

2. 为害 螨类主要以若螨或成螨为害菌丝体,螨爬行较慢,每秒爬行 1～2 毫米。将菌丝咬断而食,也会将子实体蛀食成空洞,菇体色泽转褐色或失去光泽。有的被害组织部位出现褐色病斑(图 9-21)。

(1)为害蘑菇 菇床覆土调水后不久,常会出现螨害。轻则菌丝虽能上土,但密度稀疏(镜检时可发现在菌丝和覆土块面有大量螨活动),始终不见菇体扭结,土块上的菌丝也逐渐萎缩,料变黑。重则菌丝不上土,螨在土面聚集成黄粉状,量大时抱成团,培养料内菌丝很快退尽、变黑。若子实体形成后,螨可将菇体啃成微小的疮疤。

(2)为害草菇 草菇喜湿热,这和螨类生活习性相近。因而在草菇栽培中必伴随着螨类大量发生,栽培中添加过量的麸皮,可加剧单位体积的虫口数,为害菌丝体,伤害菇蕾。目前,草菇单产较低,同螨类为害有关。

(3)制种中的为害 在各种食用菌制种中,也常有螨类为害,特别是银耳、金针菇、蘑菇、香菇等菌种,稍不注意,均会造成毁灭性灾害。受害严重时,菌种瓶内菌丝逐渐被螨啃光,菌种成松散状。每立方厘米培养料螨数高达几十只甚至上千只,在 25℃左右,螨每 15～20 天为 1 个世代。以银耳为例,

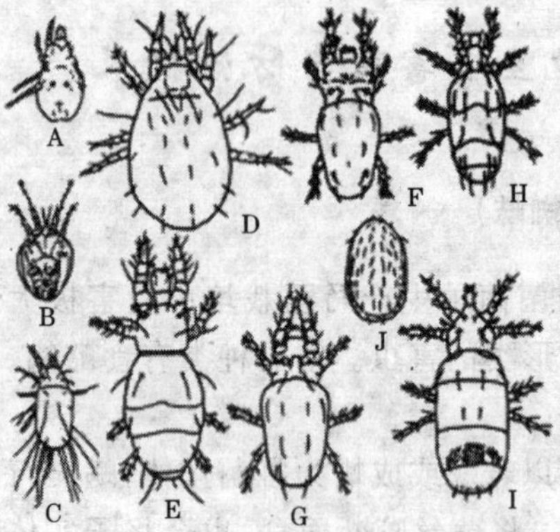

图 9-21 食用菌害螨 （仿邹萍图）

A. 速生薄口螨，雌腹视 B. 同上，休眠体，腹视
C. 腐食酪螨，雌背视 D. 蘑菇嗜木螨，雌背视
E. 蘑菇长头螨，雌背视 F. 食菌穗螨，雌背视
G. 同上，异型雌背视 H. 隐拟矮螨，雌背视
I. 兰氏布伦螨，雌背视 J. 矮肛厉螨，雌背视

在菌种培养过程中受螨害，使爬壁力强的羽毛状菌丝在瓶壁上残缺不全。在放大镜下，可以看到白色瘦长的囊袋，袋内几十只卵。在潮湿菌房内，螨卵极易化成若螨，从囊袋内爬出蚕食菌丝，使菌瓶上半部菌丝萎缩，呈现出木屑状颗粒，培养基料呈褐色至深褐色，严重者瓶壁出现水渍状。发生的原因是耳木分离物未彻底消毒，分离时将螨带入培养料，陈年原料、米糠、麸皮堆积场所，极易产生螨，经人为活动携带进入菌种室。金针菇菌种制作过程中，特别容易受到螨类侵害，应予注意。另外，接种室、培养室卫生条件差，废物随意丢弃均是造成菌种螨害的根源。

3. 防治 以防为主。

首先搞好菌种场环境卫生，杜绝螨类栖息与繁殖场所。菌种场内严禁饲养家禽。米糠等原料堆积场所尽可能干燥、通风。培养架脚点施 5%氯丹粉，蘑菇瓶棉塞点放 5%氯丹粉。若有大面积螨害发生，可采用双甲脒熏蒸。

前发酵培养料翻堆要均匀，搞好后发酵是预防螨类孳生的有效措施。可用煮过的猪、牛骨头置于菇房床面。使螨聚集在其上，以夹子将聚螨的骨头取出，浸于沸水中，即可将螨杀死。骨头仍可置于菇舍内继续使用(午后高温时螨类特别活跃，此法见效更快)，如此连续进行1周可大大降低虫口密度。也可以取2千克猪骨头，敲碎，加10升水熬2小时，过滤。取滤液添加0.5千克白糖，溶化，再加50升水冲稀，将整齐稻草把浸入取出，待不滴水时，午后铺入栽培床，经2～3小时取出，热水(80℃)浸烫使螨致死，连续数日，可大幅度减少虫口数。

将蘸有40%～50%浓度的敌敌畏棉球，在菇床下每隔0.6米呈“品”字形悬挂排列，并在菇床培养料面盖上湿纱布，螨会从料内钻出，黏在湿纱布上，取上黏满螨的湿纱布，放在开水中，纱布洗净后再盖上，如此连续数日，可降低虫口数。也可采用500倍液的克螨特喷雾，进行化学防治。

(二)线　虫

1. 形态　目前所报道的食用菌线虫，有寄生线虫和腐生线虫两大类。主要是滑刃线虫、双垫刃线虫和小杆线虫。线虫极微小，只能在显微镜下才能观察到(图9-22)。

2. 为害　所有食用菌均能被侵害。受侵害的症状是子实体腐烂，形成特殊的腥臭味。

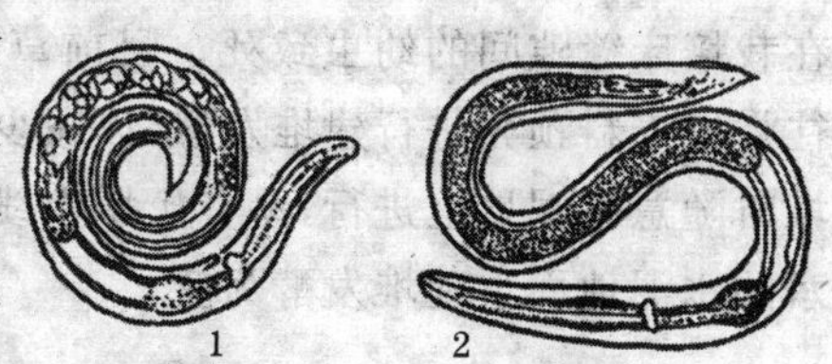

图9-22　线虫　(仿计鸿贤图)

1. 雌虫　2. 雄虫

(1)为害蘑菇　寄生性线虫(滑刃线虫等)的口针穿刺菌丝细胞壁和吸食被刺细胞内容物，使被害菌丝“流血”，随后营腐生线虫(小杆线虫)侵入。虫口数高峰时，菌丝长势稀拉或成线状。后期，栽培床表面部分下降，常呈湿斑，有一股特别的药味。幼蕾受害，大部分或全部不断大量死亡，子实体受害，菌盖常呈褐色，有一股难闻的腥臭味，挤出汁，在显微镜下可见到线虫及虫卵；严重时，肉眼可以见到腐烂子实体组织有白色的线虫活动，为无色透明的小蠕虫，长约1毫米。

（2）为害草菇　草菇子实体变黄，后出现褐色，最后整个子实体腐烂，发出腥味。菇蕾受到侵害，则变黄褐色，枯死。从培养料及受害的子实体所分离到的大多数是小杆线虫，营腐生生活。滑刃线虫主要为害菌丝体。

3. 传播途径　线虫无处不有，在干燥基质上呈“休眠”状态，耐旱力为3年，用不清洁的水喷雾，线虫迅速并大量繁殖，故不清洁水是线虫的虫源。土壤中存在大量线虫。取覆土材料时，不能过于靠近土壤表层取土，否则将会把有线虫的土带进菇房，现已证实，蚊、蝇和瘿蚊类常携带线虫虫体和卵，在蚊、蝇等的刚毛上常可查到大量线虫。

4. 防治　线虫不耐热，40℃以上即死亡。进行正确的前、后发酵能有效地减少单位体积培养料的虫口数，并使躲藏在栽培床缝隙间的幼虫致死。目前草菇、侧耳类栽培时也往往将培养料预先进行建堆发酵，以减少堆内虫口数。此外，建堆时随意在泥地上进行，易受土壤中线虫的侵袭，故以在不积水的水泥地面上建堆发酵为宜。

（三）软体动物——蛞蝓（别名鼻涕虫、水蜒蚰）

1. 形态　身体裸露，无外壳，有暗灰色、灰白色、黄褐色，有两对触角。常见种有野蛞蝓、双线嗜黏质蛞蝓和黄蛞蝓（图9-23）。

2. 为害 为害所有食用菌类子实体，咬食菇体，引起病害侵染。是潮湿菇房指示虫，白天多藏在土壤、石缝、草丛、草堆中或枯枝落叶下，黄昏后出来取食。噬食菌盖，造成穿孔，并于所过处留下一道银白色黏液。

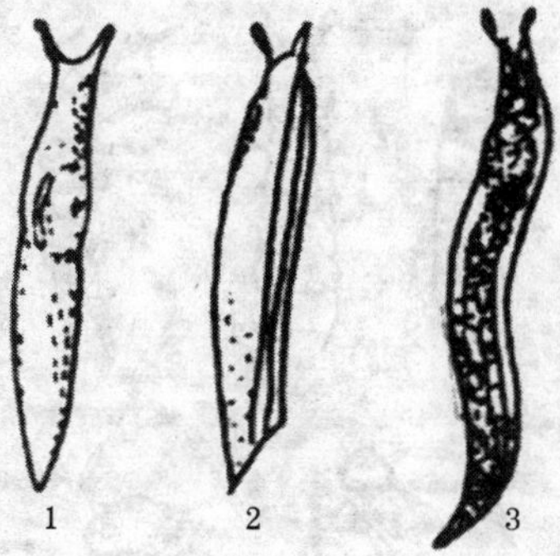

图 9-23 三种蛞蝓 （仿王汝财图）

1. 野蛞蝓 2. 双线嗜菌蛞蝓 3. 黄蛞蝓

3. 防治 清除栽培场杂物，保持场所清洁干燥，利用蛞蝓昼伏夜出，晴伏雨出或黄昏为害等规律，进行人工捕杀；也可将青草切碎拌入砒酸钙(50∶1)，于傍晚撒于栽培场所附近进行诱杀。用灭蛭灵 800～1 000 倍液、油菜籽饼粉 1 千克加水 10 升浸泡过滤，再对水 100 升喷洒，也有杀灭作用。每潮菇后，喷洒 pH 值 8～9 的石灰水，对蛞蝓也有较好的防治作用。

(四)跳虫类(属弹尾目)

跳虫是小型低等昆虫，腹部为 6 节，并有一弹器。主要为害蘑菇、凤尾菇、草菇及香菇。栽培中较常见的为紫跳虫(图 9-24)。

1. 形态 虫卵为白色球形，半透明，产于蘑菇培养料内或覆土层上，幼虫色较白，体形和成虫相似，休眠后蜕皮，色泽逐渐转暗。成虫体长仅 1 毫米，带有短状触须，无翅。它常在培养料或子实体上跳跃式前进。

2. 为害 在 20℃～28℃时大量发生，取食菌丝体，严重

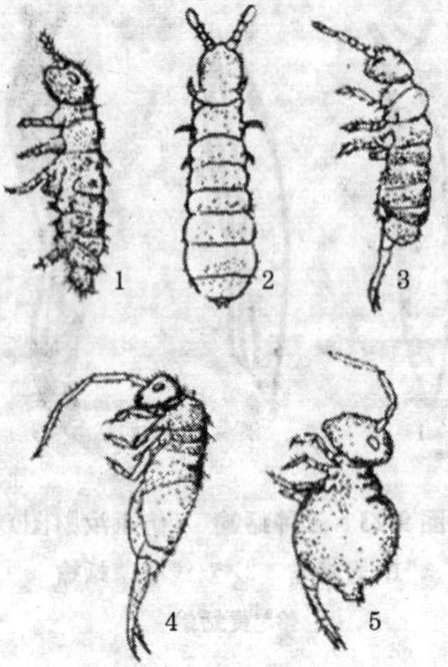

图 9-24　跳　虫

1. 紫跳科　2. 棘跳科　3. 等节跳科　4. 长角跳科　5. 圆跳科

时成千成虫聚集于接种穴的周围。有些种类的跳虫，还取食子实体，钻进菇柄和菇盖中取食，造成孔洞，降低商品价值。凤尾菇、香菇受跳虫危害时，虫体云集于菌柄与菌盖交界处，侵害菌褶，使之出现红褐色斑点。一旦受惊，跳虫将从菇床上跳离躲入潮湿阴暗的角落聚集成坨。

跳虫还会携带病原菌及病毒。

3. 防治　跳虫是栽培环境潮湿、卫生条件极差的指示害虫。防治以预防为主，改善栽培场所卫生条件，防止栽培场所积水、过湿。跳虫不耐高温，蘑菇培养料进行二次发酵是一项主要的预防措施，子实体形成后，若发现该害虫，可喷0.1％鱼藤精或除虫菊酯1 500～2 000倍液。床面无菇时，可喷洒0.4％敌百虫或0.25％乐果乳剂，也可用敌敌畏1000倍液加少量糖蜜诱杀。

附　　录

附录一　欧盟禁用农药（涉及我国的62个品种）

2004年1月1日起，欧盟将正式禁止含有化学活性物质的320种农药在境内销售，其中涉及我国正在生产、使用及销售的农药有62个品种。由于这些农药目前已广泛应用于水果、茶叶、蔬菜、谷物等生产中，因此使用这些农药的农产品在出口欧盟时，就可能被退货或销毁。部分欧盟禁用农药清单（涉及我国的62个品种）：

杀虫杀螨剂：杀螟丹、乙硫磷、苏云金杆菌δ～内毒素、氧化乐果、三唑磷、喹硫磷、甲氰菊酯、溴螨酯、氯唑磷、定虫隆、嘧啶磷、久效磷、丙溴磷、甲拌磷、特丁硫磷、治螟磷、磷胺、双硫磷、胺菊酯、稻丰散、残杀威、地虫硫磷、双胍辛胺、丙烯菊酯、四溴菊酯、氟氰戊菊酯、丁醚脲、三氯杀螨砜、杀虫环、苯螨特等30种。

杀菌剂：托布津、稻瘟灵、敌菌灵、有效霉素、甲基胂酸、恶霜灵、灭锈胺、敌磺钠等8种。

除草剂：苯噻草胺、异丙甲草胺、扑草净、丁草胺、稀禾定、吡氟禾草灵、吡氟氯禾灵、恶唑禾草灵、喹禾灵、氟磺胺草醚、三氟羧草醚、氯炔草灵、灭草猛、哌草丹、野草枯、氰草津、莠灭净、环嗪酮、乙羧氟草醚、草除灵等20种。

植物生长调节剂：氟节胺，抑芽唑，2，4，5-涕。

杀螺剂：蜗螺杀。

附录二　食用菌卫生标准

（GB　7096-2003）

1　范围

本标准规定了食用菌的指标要求、食品添加剂、生产加工过程的卫生要求和检验方法。

本标准适用于可食用的鲜的或干的大型真菌。本标准不适用于银耳。

2　规范性引用文件

下列文件中的条款通过本标准的引用而成为本标准的条款。凡是注日期的引用文件，其随后所有修改单(不包括勘误的内容)或修订版均不适用于本标准，然而，鼓励根据本标准达成协议的各方研究是否可使用这些文件的最新版本。凡是不注日期的引用文件，其最新版本适用于本标准 。

GB 2760　食品添加剂使用卫生标准

GB/T 5009.3　食品中水分的测定

GB/T 5009.11　食品中总砷及无机砷的测定

GB/T 5009.12　食品中铅的测定

GB/T 5009.17　食品中总汞及有机汞的测定

GB/T 5009.19　食品中六六六、滴滴涕残留量的测定

GB 14881　食品企业通用卫生规范

3　指标要求

3.1　原料要求

应符合相应的标准和有关规定。

3.2　感官要求

具有食用菌正常的商品外形及固有的色泽、香味。不得混有非食用菌，无异味、无霉变、无虫蛀。

3.3　理化指标

理化指标应符合表1的规定

表1 理化指标

项目		指标	
		干食用菌	鲜食用菌
[a]水分 a/(g/100 g)	≤	12	—
总砷(以 As 计)/(mg/kg)	≤	1.0	0.5
铅(Pb)/(mg/kg)	≤	2.0	1.0
总汞(Hg)/(mg/kg)	≤	0.2	0.1
六六六/(mg/kg)	≤	0.2	0.1
滴滴涕/(mg/kg)	≤	0.1	0.1
[a]干香菇水分≤13 g/100 g。			

4 食品添加剂

4.1 食品添加剂质量应符合相应的标准和有关规定。

4.2 食品添加剂的品种和使用量应符合 GB 2760 的规定。

5 生产加工过程的卫生要求

应符合 GB 14881 的规定。

6 包装

包装容器和材料应符合相应的卫生标准和有关规定。

7 标识

定型包装的标识要求应符合有关规定。

8 贮存及运输

8.1 贮存

产品应贮存在干燥、通风良好的场所。不得与有毒、有害、有异味、易挥发、易腐蚀的物品同处贮存。

8.2 运输

运输产品时应避免日晒、雨淋。不得与有毒、有害、有异味或影响产品质量的物品混装运输。

9 检验方法

9.1 水分

按 GB/T 5009.3 规定的方法检验。

9.2 总砷

按 GB/T 5009.11 规定的方法测定。

9.3 铅

按 GB/T 5009.12 规定的方法测定。

9.4 总汞

按 GB/T 5009.17 规定的方法测定。

9.5 六六六、滴滴滴

按 GB/T 5009.19 规定的方法测定。

附录三 无公害食品 食用菌栽培基质安全技术要求

(NY 5099-2002)

1 范围

本标准规定了无公害食用菌培养基质用水、主料、辅料和覆土用土壤的安全技术要求，以及化学添加剂、杀菌剂、杀虫剂使用的种类和方法。

本标准适用于各种栽培食用菌的栽培基质。

2 规范性引用文件

下列文件中的条款通过本标准的引用而成为本标准的条款。凡是注日期的引用文件，其随后所有的修改单(不包括勘误的内容)或修订版均不适于本标准，然而，鼓励根据本标准达成协议的各方研究是否可使用这些文件的最新版本。凡是不注日期的引用文件，其最新版本适用于本标准。

GB 5749 生活饮用水卫生标准

GB 15618 土壤环境质量标准

3 术语和定义

下列术语和定义适用于本标准。

3.1 **主料**

组成栽培基质的主要原料，是培养基中占数量比重大的碳素营养物质。如木屑、棉籽壳、作物秸秆等。

3.2 **辅料**

栽培基质组成中配量较少、含氮量较高、用来调节培养基质的 C/N 比的物质。如糠、麸、饼肥、禽畜粪、大豆粉、玉米粉等。

3.3 **杀菌剂**

用来杀灭有害微生物或抑制其生长的药剂，包括消毒剂。

3.4 **生料**

未经发酵或灭菌的培养基质。

4 要求

4.1 水

应符合 GB 5749 规定。

4.2 主料

除桉、樟、槐、苦楝等含有害物质树种外的阔叶树木屑；自然堆积六个月以上的针叶树种的木屑；稻草、麦秸、玉米芯、玉米秸、高粱秸、棉籽壳、废棉、棉秸、豆秸、花生秸、花生壳、甘蔗渣等农作物秸秆皮壳；糠醛渣、酒糟、醋糟。要求新鲜、洁净、干燥、无虫、无霉、无异味。

4.3 辅料

麦麸、米糠、饼肥（粕）、玉米粉、大豆粉、禽畜粪等。要求新鲜、洁净、干燥、无虫、无霉、无异味。

4.4 覆土材料

4.4.1 泥炭土、草炭土。

4.4.2 壤土

符合 GB 15618 中 4 对二级标准值的规定。

4.5 化学添加剂

参见附录 A。

4.6 栽培基质处理

食用菌的栽培基质，经灭菌处理的，灭菌后的基质需达到无菌状态；不允许加入农药。

4.7 其他要求

参见附录 B。

附录 A
（资料性附录）

食用菌栽培基质常用化学添加剂种类、功效、用量和使用方法见表 A.1。

表 A.1 食用菌栽培基质常用化学添加剂种类、功效、用量和使用方法

添加剂种类	使用方法与用量
尿　素	补充氮源营养,0.1%～0.2%,均匀拌入栽培基质中
硫酸铵	补充氮源营养,0.1%～0.2%,均匀拌入栽培基质中
碳酸氢铵	补充氮源营养,0.2%～0.5%,均匀拌入栽培基质中
氰氨化钙(石灰氮)	补充氮源和钙素,0.2%～0.5%,均匀拌入栽培基质中
磷酸二氢钾	补充磷和钾,0.05%～0.2%,均匀拌入栽培基质中
磷酸氢二钾	补充磷和钾,用量为0.05%～0.2%,均匀拌入栽培基质中
石　灰	补充钙素,并有抑菌作用,1%～5%,均匀拌入栽培基质中
石　膏	补充钙和硫,1%～2%,均匀拌入栽培基质中
碳酸钙	补充钙,0.5%～1%,均匀拌入栽培基质中

附录 B
(资料性附录)
不允许使用的化学药剂

B.1　高毒农药

按照《中华人民共和国农药管理条例》,剧毒和高毒农药不得在蔬菜生产中使用,食用菌作为蔬菜的一类也应完全参照执行,不得在培养基质中加入。高毒农药有三九一一、苏化 203、一六〇五、甲基一六〇五、一〇五九、杀螟威、久效磷、磷胺、甲胺磷、异丙磷、三硫磷、氧化乐果、磷化锌、磷化铝、氰化物、呋喃丹、氟乙酰胺、砒霜、杀虫脒、西力生、赛力散、溃疡净、氯化苦、五氯酚钠、二氯溴丙烷、四〇一等。

B.2　混合型基质添加剂

含有植物生长调节剂或成分不清的混合型基质添加剂。

B.3　植物生长调节剂

附录四　双孢蘑菇

（NY/T 224-94）

1　主题内容与适用范围

本标准规定了双孢蘑菇的产品质量要求、检验规则及包装、标志、贮存和运输要求。

本标准仅适用于罐头蘑菇，盐水蘑菇和蘑菇干片。

2　引用标准

GB 12530　食用菌取样方法

GB 12531　食用菌水分测定

GB 12728　食用菌术语

3　术语

3.1　罐头蘑菇

以罐装形式保存和出售的蘑菇。

3.2　盐水蘑菇

用盐渍方法保存的蘑菇。

3.3　蘑菇干片

将蘑菇纵切成片，加热干燥而成的干制品。

3.4　色泽

指加工后产品具有的颜色。

3.5　异味

指产品变质后所产生的酸味，霉味或其他怪味。

3.6　杂质

指混杂在产品中的其他物质。

3.7　霉斑

指霉菌侵染后的痕迹。

3.8　整菇

参见 GB 12728。

3.9　片菇

参见 GB 12728。

3.10 碎菇

参见 GB 12728。

4 质量指标

4.1 罐头蘑菇质量指标见表 1。

表 1 罐头蘑菇质量指标

项目 \ 级别	整菇	片菇	碎菇
组织形态	菇体完整、柔嫩、略有弹性，大小均匀一致，菇盖直径 2cm～4cm，菇柄不得超过 1.5cm	呈切片状，菇盖直径 4cm 以上，厚度均匀一致，3.5cm～5cm	形状不限
色泽	淡黄色，有光泽	淡黄色偏暗或略带灰色	
异味	无		
杂质	无		
汤汁	淡黄色、清晰	淡黄色或淡灰黄色，清晰	

4.2 盐水蘑菇质量指标见表 2。

表 2 盐水蘑菇质量指标

项目 \ 级别	A	B	C	D	E	F(等外级)
菇盖直径 cm	1.5～2.0	2.0～2.5	2.5～3.0	3.0～3.5	3.5～4.0	大小不限
组织形态	菇形完整，饱满，有弹性，无畸形、薄皮、开伞和脱柄菇					允许有少量开伞脱柄和畸形菇
色泽	呈淡黄色，菇面光洁，有光泽					
杂质	无					

续表 2

级别 项目	A	B	C	D	E	F(等外级)
盐水浓度	波美 18～22 度					
酸度,pH 值	3.2～3.5					

4.3 蘑菇干片质量指标 见表 3。

表 3 蘑菇干片质量指标

级别 项目	统 货
组织形态	干片厚度均匀一致
色 泽	乳白色或淡黄色,有光泽
霉斑、杂质	无
病 虫	无
含水量	≤13%

5 检验方法

5.1 目测:观察产品的组织形态、色泽,以及有无杂质,病虫和霉斑。

5.2 手摸:凭手感衡量产品的质地,以及干品的含水量。

5.3 鼻闻:是否有酸味或霉味,以及其他怪味。产品应有其特定的滋味。

5.4 测量:整菇用分级过筛的方法,片菇用游标卡尺测其厚度。

5.5 含水量测定:按 GB 12531 规定。

5.6 盐水浓度测定:用专门测定盐水浓度(咸度)的波美度测试比重计测定。

5.7 酸度测定:用广泛 pH 试纸比色测定。

6 检验规则

6.1　取样方法：按 GB 12530 规定。

6.2　判定规则：按 4.1，4.2，4.3 进行判定。

7　包装、标志、贮存、运输

7.1　包装

按照不同的蘑菇加工品进行包装，罐头蘑菇通常使用铁制罐头，盐水蘑菇通常使用硬塑料桶，蘑菇干片通常使用纸材制作的纸箱包装。

7.2　标志

产品包装标志必须注明产品名称、标准代号、净重、质量等级、厂名、厂址、批号、生产日期、保质日期(或保存日期)。

7.3　贮存

应按照不同的蘑菇加工产品的要求进行贮存，其贮存的库房应具有防高温、高湿设备；严禁与有毒、有味的物品混合存放，防止虫蛀、鼠类危害和病菌感染。

7.4　运输

各类产品在运输过程中需有防震、防潮、防晒、防污染措施。

附录五　无公害食品 双孢蘑菇

(NY 5097-2002)

1　范围

本标准规定了无公害双孢蘑菇的质量要求、试验方法、检验规则、标志、包装、运输和贮存。

本标准适用于人工栽培的双孢蘑菇(*Agaricus bisporus*)、双环蘑菇(*Agaricus bitorguis*,俗称大肥蘑菇、高温蘑菇)鲜品。

2　规范性引用文件

下列文件中的条款通过本标准的引用而成本标准的条款。凡是注日期的引用文件,其随后所有的修改单(不包括勘误的内容)或修订版均不适用于本标准,然而,鼓励根据本标准达成协议的各方研究是否可使用这些文件的最新版本。凡是不注日期的引用文件,其最新版本适用本标准。

GB/T 5009.11　食品中总砷的测定方法

GB/T 5009.12　食品中总铅的测定方法

GB/T 5009.15　食品中总镉的测定方法

GB/T 5009.17　食品中总汞的测定方法

GB/T 5009.19　食品中六六六、滴滴涕残留量的测定方法

GB/T 5009.20　食品中有机磷农药残留量的测定方法

GB/T 5009.34　食品中亚硫酸盐的测定方法

GB/T 5009.38-1996　蔬菜、水量卫生标准的分析方法

GB 9687　食品包装用聚乙烯成型品卫生标准

GB 9688　食品包装用聚丙烯成型品卫生标准

GB/T 12530　食用菌取样方法

GB/T 12531　食用菌水分方法

GB/T 12533　食用菌杂质测定

GB/T 14929.4　食品中氯氰菊酯、氰戊菊酯和溴氰菊酯残留量测定方法

3 要求

3.1 感官指标

应符合表1规定

表1 无公害双孢蘑菇的感官指标

项 目	要 求
外 观	白色、乳白色、棕色，菇形圆整、饱满、不开伞，大小较均匀，无菌斑、褐斑
气 味	有双孢蘑菇或双环蘑菇特有的香味，无异味
霉烂菇	无
虫蛀菇/%(质量分数)	≤0.5
水分/%	≤91

3.2 卫生指标

应符合表2规定。

表2 无公害双孢蘑菇的卫生指标

项 目	指 标(mg/kg)
砷(以 As 计)	≤0.5
汞(以 Hg 计)	≤0.1
铅(以 Pb 计)	≤1
镉(以 Cd 计)	≤0.5
亚硫酸盐(以 SO_2 计)	≤50
六六六(BHC)	≤0.1
滴滴涕(DDT)	≤0.1
多菌灵(carbendazim)	≤0.5
敌敌畏(dichlorvos)	≤0.5

注：根据《中华人民共和国农药管理条例》，剧毒和高毒农药不得在蔬菜（包括食用菌）生产中使用

4　试验方法

4.1　感官指标的检验

4.1.1　肉眼观察外观、霉烂菇、虫蛀菇的情况。

4.1.2　鼻嗅气味。

4.1.3　水分按 GB/T 12531 规定执行。

4.2　卫生指标的检验

4.2.1　砷

按 GB/T 5009.11 规定执行。

4.2.2　汞

按 GB/T 5009.17 规定执行。

4.2.3　铅

按 GB/T 5009.12 规定执行。

4.2.4　镉

按 GB/T5009.15 规定执行。

4.2.5　亚硫酸盐

按 GB/T 5009.34 规定执行。

4.2.6　六六六、滴滴涕

按 GB/T 5009.19 规定执行。

4.2.7　多菌灵

按 GB/T 5009.38-1996 中 4.7 规定执行。

4.2.8　敌敌畏

按 GB/T 5009.20 规定执行。

5　检验规则

5.1　检验分类

5.1.1　型式检验

型式检验是对产品进行全面考核，即对本标准规定的全部要求进行检验。有下列情形之一者应进行型式检验：

a)国家质量监督机构或行业主管部门提出型式检验要求；

b)前后两次抽样检验结果差异较大；

c)因为人为或自然因素使生产环境发生较大变化。

5.1.2　交收检验

每批产品交收前，生产者应进行交收检验。交收检验内容包括感官、标志和包装。检验合格后并附合格证方可交收。

5.2　组批规则

同一产地、同时采收的双孢蘑菇作为一个检验批次。

5.3　抽样方法

5.3.1　抽样 按 GB/T 12530 规定执行。

5.3.2　报验单填写的项目应与实货相符，凡与实货不符、包装严重损坏者，应由交货单位重新整理后再行取样。

5.4　包装检验

按第 7 章的规定执行。

5.5　判定规则

感官指标和卫生指标有一项不能达到要求的，即判该批次产品不合格。

6　标志

包装上的标志和标签应标明产品名称、生产者、产地、净含量和采收日期等，字迹应清晰、完整、准确。

7　包装、运输和贮存

7.1　包装

7.1.1　外包装(箱、筐)应牢固、干燥、清洁、无异味、无毒，便于装卸、仓储和运输。内包装材料卫生指标应符合 GB 9687 或 GB 9688 规定。

7.1.2　每批报验的产品其包装规格、单位净含量应一致。

7.1.3　包装检验规则：逐件称量抽取的样品，每件的净含量不应低于包装标志的净含量。

7.2　运输

7.2.1　运输时轻装、轻卸，避免机械损伤。

7.2.2　运输工具要清洁、卫生、无污染物、无杂物。

7.2.3　防日晒、防雨淋，不可裸露运输。

7.2.4　不得与有毒有害物品、鲜活动物混装混运。

7.2.5 应在低温条件下运输，以保持产品的良好品质。

7.3 贮存

在1℃～5℃的冷库中贮存。

附录六　美国双孢蘑菇分级标准

(1966年7月15日生效,1997年1月修订)

1　鲜蘑菇

1.1　产品分级

1.1.1　一级:新鲜、成熟度适宜、形状良好、整齐一致,无开伞、疾病、斑点、虫害、腐烂和其他损伤。除另有规定外,还可以按大小分为中小号和大号两个规格。中小号菌盖直径在25mm～16mm(1in～0.625in)之间,大号菌盖直径超过25mm～16mm(1in～0.625in)。允许公差为装运地和运送地(包括采区出货的出发点、装船的港口、海外装船、美洲大陆外装船和进入美国的进口港)按批次计,允许任何5.0%(按质量计)达不到等级要求,但斑点或腐烂菇应≤1%;途中和目的地,在任何一批蘑菇中,允许有开伞菇10.0%,不符合分级要求的菇≤5.0%,但是斑点菇或腐烂菇应≤1%,菇体大小允许有10%不符合规定。

1.1.2　二级:除在开伞和缺陷上有更大的允许公差外,其他都与一级相同。

小号到中号直径在25mm～16mm(1in～0.625in)之间,大号直径超过25mm～16mm(1in～0.625in)。

1.1.3　无级别蘑菇:未按照上述分级标准分类的蘑菇。"无级别"仅指不是本标准规定的等级。

1.2　公差

以同批次单件包装的平均公差为基础,允许公差10%或更大,单件公差不得超过平均公差的1.5倍,全部产品的平均公差要在规定的公差之内;公差要小于10%,单件包装不能超过规定公差的2倍,除了一个包装里只有没有任何缺陷和仅一个尺寸项不合格外,全部蘑菇的平均公差要在等级规定的公差之内。

1.3　术语

1.3.1　成熟:蘑菇结实,菇形齐整,菌幕略有展开但是未破。

1.3.2　形状好：菌盖没有变平、圆齿、锯齿状或其他在外观或质量上有不成型菌盖的蘑菇。

1.3.3　整齐：菌柄切削平整，上下粗细一致，菌柄截面不超过菌盖下缘。

1.3.4　开伞：菌盖展开的程度，菌幕出现破损，菌盖外露。

1.3.5　斑点：凹痕和脱色区域。

1.3.6　损伤：本部分规定的任何瑕疵或与这此瑕疵相应的变化情况，包括影响蘑菇外观和销售的菌盖或菌柄的变色、菌盖或菌柄内的泥土。

2　加工蘑菇

2.1　分级

2.1.1　一级：整菇，菌盖直径不小于 12.7mm(0.5in)。感官新鲜、外形圆整一致、质地紧密、柔嫩、无腐烂、无虫害、无病斑、无褪色、无擦伤、无污点及其他形式的损伤，品质特征一致。这种整菇不松软，至少形状上佳。

2.1.2　二级：整菇，菌盖的直径不小于 12.7mm(0.5in)。感官新鲜，由菌盖或未严重破损的菌盖和菌柄构成；柔嫩、无腐烂、无虫害、无斑点、无擦伤、无污点及其他形式的损伤。

2.1.3　等外品：达不到二级标准的新鲜整菇，由菌盖、菌柄和碎菇构成 。

2.2　定义

2.2.1　残渣：附着在菌柄根部的土、尘等杂物。

2.2.2　柔嫩：菌肉无纤维状结构。

2.2.3　菌盖：可包括一小部分菌柄。

2.2.4　整菇：具有菌盖和可用菌柄部分。

2.2.5　损伤：包括擦伤、褪色、斑点、虫害。

2.2.6　擦伤：即菌盖表面超过 5%以上被磨平、破损或者剥皮。

2.2.7　褪色：菌盖表面超过 5%褪色，与蘑菇的正常颜色对比鲜明。

2.2.8　斑点：由于霉菌生长或病害造成的菇体局部变黄、褪色或出现霉斑。

2.2.9　虫害：有受虫害侵袭迹象，包括虫孔、啃食、缺刻等。

附录七 食用菌培养料常用材料的碳氮比(C/N)

材料名称	碳(C%)	氮(N%)	C/N
稻　草	45.59	0.63	72.37
小麦秸	47.03	0.48	97.98
甘蔗渣	53.07	0.63	84.24
棉籽壳	56.0	2.03	27.59
废　棉	49.94	1.22	40.93
大豆秸	44.27	0.59	75.03
花生秧	45.52	0.84	50.62
花生壳	44.22	1.47	30.08
玉米芯	49.45	0.47	105.2
玉米秸	49.21	0.46	107.0
棉花秆	55.65	0.50	111.3
辣椒秆	43.33	0.62	69.89
红薯藤	48.39	0.54	89.61
栎落叶	49.00	2.0	24.5
大麦秸	47.09	0.64	73.58
谷　壳	41.64	0.64	65.06
麦　麸	44.74	2.20	20.34
洗米糠(细米糠)	41.2	2.08	19.81
玉米粉	50.92	2.28	22.33
大豆饼	45.42	6.71	6.77
花生饼	49.04	6.32	7.76

续附录七

材料名称	碳(C%)	氮(N%)	C/N
菜籽饼	45.2	4.6	9.83
棉籽饼	46.0	5.5	8.36
黄牛粪(干)	38.57	1.78	21.67
尿　素	20.0	46.0	0.43
木　屑	49.18	0.10	491.8
马　粪	11.60	0.55	21.09
猪　粪	25.00	0.56	44.64
羊　粪	16.24	0.65	24.98
鸡　粪	4.10	1.30	3.15
沼气肥	22.00	0.70	31.43
水牛粪(干)	39.78	1.27	31.30
奶牛粪(干)	31.79	1.33	24.00
兔　粪	13.70	2.10	6.52

主要参考文献

1　李勇．怎样提高蘑菇种植效益．北京:金盾出版社，2006

2　杨国良．蘑菇生产全书．北京:中国农业出版社，2004

3　李勇．食用菌生产概论．雅安:四川农业大学校内教材，2004

4　黄毅．食用菌生产理论与实践(第三版)．厦门:厦门大学出版社，1992

5　张树庭，P. G. Miles 著．杨国良，张金霞译．食用蕈菌及其栽培．保定:河北大学出版社，1992

6　农业部微生物肥料和食用菌菌种质量监督检验测试中心．食用菌技术标准汇编．北京:中国标准出版社，2006